SQL 初学教程

THE LANGUAGE of SQL

THIRD EDITION

第 3 版

[美] 拉里·洛克夫 (Larry Rockoff) ◎著

张望◎译

U0277634

人民邮电出版社

北京

图书在版编目（CIP）数据

SQL初学教程：第3版 / （美）拉里·洛克夫
(Larry Rockoff) 著；张望译. -- 北京 ：人民邮电出
版社，2024.1
ISBN 978-7-115-62135-1

Ⅰ．①S… Ⅱ．①拉… ②张… Ⅲ．①SQL语言－程序
设计－教材 Ⅳ．①TP311.132.3

中国国家版本馆CIP数据核字(2023)第118902号

版权声明

♦ 著 ［美］拉里·洛克夫（Larry Rockoff）
译 张 望
责任编辑 杨绣国
责任印制 王 郁 焦志炜

♦ 人民邮电出版社出版发行 北京市丰台区成寿寺路 11 号
邮编 100164 电子邮件 315@ptpress.com.cn
网址 https://www.ptpress.com.cn
北京市艺辉印刷有限公司印刷

♦ 开本：800×1000 1/16
印张：14.25 2024 年 1 月第 1 版
字数：295 千字 2024 年 1 月北京第 1 次印刷
著作权合同登记号 图字：01-2023-0216 号

定价：69.80 元

读者服务热线：(010)81055410 印装质量热线：(010)81055316
反盗版热线：(010)81055315
广告经营许可证：京东市监广登字 20170147 号

内容提要

这是一本针对 SQL 初学者的图书。本书着重讲解 SQL 的数据检索能力，覆盖了 SQL 的所有核心概念，并且配有丰富的示例。本书以直观且富有逻辑性的顺序来组织主题，以 SQL 关键字为线索层层递进。书中介绍了 3 种广泛使用的数据库，它们是：Microsoft SQL Server、MySQL 和 Oracle。

本书适合 SQL 的初学者和初级的数据库管理员学习和参考，也可以作为高等院校相关专业的教学参考书。

作者简介

拉里·罗克夫（Larry Rockoff）多年来一直从事与 SQL 和商业智能开发相关的工作。他的主要兴趣是使用报表工具探索和分析复杂数据库中的数据。他拥有芝加哥大学的 MBA 学位和伊利诺伊大学的艺术学士学位。

除 SQL 外，他还出版了有关 Microsoft Excel 和 Access 的图书。其中的最新著作包括 *Exploring Data with Excel 2019* 和 *Exploring Data with Access 2019*。

致谢

　　非常感谢帮助我完成本书的 Pearson 公司的所有人。我要感谢鼓励我编写第 3 版的金·斯潘塞（Kim Spencer）、监督和指导我完成本书的切尔西·诺阿克（Chelsea Noack）、协助我完成本书的 Pearson 公司的编辑特蕾西·克罗姆（Tracey Croom）、克里斯·萨恩（Chris Zahn）和桑德拉·施罗德（Sandra Schroeder），以及为本书文字润色的项目编辑和文字编辑丹·福斯特（Dan Foster）。同时也要感谢朱利安·凯尔维奇（Julien Kervizic），他的技术审查工作非常棒。楚蒂·普拉萨斯特斯（Chuti Prasertsith）设计的封面与第 2 版一样完美、亮眼。最后，我必须感谢负责校对的斯镐特·费斯塔（Scout Festa）以及负责排版的丹妮尔·福斯特（Danielle Foster）在背后的付出。

　　由于这是第 3 版，我还要感谢第 1 版和第 2 版的所有读者，特别是那些通过 larryrockoff.com 联系我，从本书受益且给出善意评论的读者。意识到自己在一个相对单调的主题上的所思所想能够帮助到世界上正在学习该主题的某个人，这令我既羞涩又兴奋。

前言

结构化查询语言（SQL）是用于与关系型数据库通信的主要语言。本书的目标就是成为这门重要语言有用的入门指南。

另一个适合本书的书名可能是 *The Logic of SQL*（SQL 的逻辑）。这是因为与所有计算机语言一样，相较于英语词汇，SQL 与冷冰冰的逻辑的关联性更强。然而出于以下几个原因，英文版书名中还是保留了 Language 这个词。首先，SQL 中一些基于语言的语法有别于其他计算机语言。不同之处在于，SQL 语法中采用了许多普通的英语词汇作为关键字，比如 WHERE 和 FROM。

由于 SQL 中含有语言元素，本书主题中也就强调了其语言特性。通过本书，你将像学习英语一样学习 SQL。本书按照从易到难的逻辑顺序介绍了 SQL 的关键字。从本质上讲，这是一种同时学习 SQL 的语法和逻辑的尝试。

学习任何一门语言，都要从听和记该门语言的基础词汇开始。同时也必须理解那些有特定含义的词汇。对 SQL 而言，这些词汇的含义大多与逻辑相关。

使用 *The Language of SQL* 而非 *The Logic of SQL* 作为书名的最后一个原因是前者更好听。虽然此类技术图书没什么文学性可言，我还是希望书名中的 Language 为本书增加一定的趣味性，使读者多一些热情。

本书的主题和特色

即便你对 SQL 还不够熟悉，也应该知道它是一门拥有很多组件和特性的复杂语言。在本书中，我们关注的主要话题是：

- 如何使用 SQL 从数据库中检索数据。

除此之外，本书还涵盖如下内容。

- 如何更新数据库中的数据；
- 如何创建和维护数据库；
- 如何设计关系型数据库；
- 探索检索到数据后的显示策略。

在 SQL 入门图书中，本书凭借以下特点独树一帜。

- **阅读本书时无须下载软件或使用电脑。**

我们的目标是提供只需要阅读本书便能理解的 SQL 示例。书中给出了小的数据样本，以便读者理解 SQL 语句的工作原理。

- 使用基于语言的方法，让读者像学习英语一样学习 SQL。

  本书以直观且富有逻辑性的顺序来组织主题，以 SQL 关键字为线索层层递进，读者可借助已学知识理解新的词汇和概念。

- 本书涵盖了三种广泛使用的数据库：Microsoft SQL Server、MySQL 和 Oracle。

  如果这些数据库所使用的 SQL 语法存在差异，正文中会展示 Microsoft SQL Server 使用的 SQL 语法。专门的"数据库差异"版块则会展示 MySQL 或 Oracle 中使用的 SQL 语法的不同之处，并对其进行解释。

- 重点介绍使用 SQL 检索数据的相关方法。

  这对于那些只需要结合报表工具使用 SQL 的人很有帮助。在本书最后一章中，我们将介绍检索到数据后除 SQL 外显示数据的策略，包括如何使用交叉表和透视表。在实际应用中，此类工具可以大大减轻 SQL 开发人员的负担，并为最终用户提供更大的灵活性。

第 3 版的新增内容

以下是第 3 版的一些新特色。

- 涵盖最新的数据库版本。

  所有的语法和例子都来源于本书所示例的三种数据库，它们本分别是 Microsoft SQL Server 2019、MySQL 8.0 和 Oracle 18c。

- 扩大了常见分析任务的覆盖范围。

  增加了新的常见分析任务，里面包括一些有用的计算和程序，比如计算中位数和创建财务日历，尽管了解它们不是学习该语言必备的。

- 扩大了函数的覆盖范围。

  该版在第 4 章中增加了若干新的日期/时间函数和数值函数。在第 6 章中增加了对声音查询函数的讨论。在第 9 章中增加了分析函数（一个对商业分析者有用的主题）的讲解，扩充了排名函数和分区的内容。

- Excel 透视图。

  在第 20 章中扩展了对 Excel 数据透视表的讨论，包括图表和数据透视图。这对于想要扩展 SQL 的功能、以更直观的方式来探索数据的分析师而言有一定帮助。

- 新的数据集。

  与前两版相同，每章都有独立的小数据集作为示例材料。第 3 版中经过修订和更新的数据集让本书更与时俱进。

- 改进了补充材料。

  配套网站上的补充材料已被重新组织，设置脚本和 SQL 语句放在了单独的文件中。这些文件现在按照表和章节组织，这样更方便我们找到所需的 SQL 语句。

此外，我们还增加了一个包含第 20 章所需的源数据的 Excel 文件。

本书的内容结构

本书介绍主题的顺序与众不同。大多数 SQL 图书都是以数据库管理员的身份展开主题的，他们会从头设计和创建一个数据库，然后将数据载入数据库中，最后检索数据。而在本书中，直接从数据检索开始，在最后几章才转头讨论数据库的设计。这是一种激励策略，让你迅速进入有关数据检索的有趣话题，之后才接触索引、外键这种更晦涩的主题。

本书共 20 章，可以划分为以下几部分。

- 第 1 章介绍了关系型数据库的相关内容，这是接触 SELECT 语句必备的前置知识；
- 第 2 章到第 5 章开始探索 SELECT 语句，包含计算、函数和排序等基础知识；
- 第 6 章到第 8 章介绍从简单的布尔逻辑到条件逻辑的查询条件；
- 第 9 章和第 10 章探索汇总数据的方法，包括从简单的计数到更复杂的聚合和分类汇总；
- 第 11 章到第 15 章讨论了通过连接、子查询、视图和集合逻辑从多张表中检索数据的方法；
- 第 16 章到第 18 章从 SELECT 语句转移到与关系型数据库相关的更广泛的主题，比如存储过程、更新数据和表的维护；
- 第 19 章和第 20 章带我们继续探讨数据库设计的基础知识，并跨越 SQL 功能的限制，使用 Excel 进一步探索检索到数据后的显示策略。

附录 A、附录 B、附录 C 提供了本书所涉及的三种数据库（Microsoft SQL Server、MySQL 和 Oracle）的入门指引。

配套网站

在下面这个网站中可以找到本书中所有 SQL 语句的清单。

- informit.com/registration/langofsql

其中包括以下 7 个文件。

- 用于 Microsoft SQL Server 的设置脚本；
- 用于 MySQL 的设置脚本；
- 用于 Oracle 的设置脚本；
- 用于 Microsoft SQL Server 的 SQL 语句；
- 用于 MySQL 的 SQL 语句；
- 用于 Oracle 的 SQL 语句；
- 第 20 章使用的源数据。

3 个设置脚本均是 TXT 文件，运行它们可以生成本书中使用的所有样本数据。每个文件中都提供了执行设置脚本的说明。

3 个 SQL 语句文件也均是 TXT 文件，里面列出了本书中每个数据库的所有 SQL 语句。运行设置脚本后就可以执行书中的 SQL 语句，并看到与本书相同的输出。

第 20 章的源数据文件是 Excel 表格。

资源与支持

资源获取

本书提供如下资源：
- 本书思维导图
- 异步社区 7 天 VIP 会员

要获得以上资源，扫描下方二维码，根据指引领取。

提交勘误

作者和编辑尽最大努力来确保书中内容的准确性，但难免会存在疏漏。欢迎您将发现的问题反馈给我们，帮助我们提升图书的质量。

当您发现错误时，请登录异步社区（https://www.epubit.com/），按书名搜索，进入本书页面，点击"发表勘误"，输入勘误信息，点击"提交勘误"按钮即可（见下图）。本书的作者和编辑会对您提交的勘误进行审核，确认并接受后，您将获赠异步社区的 100 积分。积分可用于在异步社区兑换优惠券、样书或奖品。

与我们联系

我们的联系邮箱是 contact@epubit.com.cn。

如果您对本书有任何疑问或建议，请您发邮件给我们，并请在邮件标题中注明本书书名，以便我们更高效地做出反馈。

如果您有兴趣出版图书、录制教学视频，或者参与图书翻译、技术审校等工作，可以发邮件给我们。

如果您所在的学校、培训机构或企业，想批量购买本书或异步社区出版的其他图书，也可以发邮件给我们。

如果您在网上发现有针对异步社区出品图书的各种形式的盗版行为，包括对图书全部或部分内容的非授权传播，请您将怀疑有侵权行为的链接发邮件给我们。您的这一举动是对作者权益的保护，也是我们持续为您提供有价值的内容的动力之源。

关于异步社区和异步图书

"异步社区"（www.epubit.com）是由人民邮电出版社创办的 IT 专业图书社区，于 2015 年 8 月上线运营，致力于优质内容的出版和分享，为读者提供高品质的学习内容，为作译者提供专业的出版服务，实现作者与读者在线交流互动，以及传统出版与数字出版的融合发展。

"异步图书"是异步社区策划出版的精品 IT 图书的品牌，依托于人民邮电出版社在计算机图书领域 30 余年的发展与积淀。异步图书面向 IT 行业以及各行业使用 IT 技术的用户。

目录

第 1 章
关系型数据库和 SQL

正如前言中所说，SQL 是最常用的与关系型数据库中的数据进行通信的软件工具。为了实现上述功能，SQL 同时运用了语言和逻辑这两种元素。作为一门语言，SQL 采用了一种包含许多英语单词（比如 WHERE、FROM、HAVING）的特殊语法。作为一种逻辑表达式，SQL 制定了检索和更新关系型数据库中数据的细则。

考虑到这种二元性，在介绍 SQL 的主题时，我们试图同时强调语言和逻辑这两种元素。在所有的语言中，无论是人类语言还是计算机代码，都有许多单词需要学习和记忆。因此，我们将按照逻辑顺序介绍各种 SQL 关键字。每学习一章，你将会在之前积累的词汇的基础上学习到新的关键字，并了解到与数据库互动时更多激动人心的可能性。

除了词汇本身，我们还会考虑逻辑问题。SQL 使用的单词具有独特的逻辑含义和意图。SQL 的逻辑和语言一样重要。SQL 与所有的计算机语言一样，对于同一个问题往往有不止一种解法，这些解法通常在逻辑或语言上存在着细微差别。

先来看看语言方面。一旦熟悉了 SQL 的语法，你可能会意识到 SQL 命令与英语句子类似，它们都有确定的表达意义。

例如，将下面这个句子：

```
I would like a blueberry muffin
from your pastries menu,
and please heat it up.
```

和下面这条 SQL 表达式进行比较：

```
Select city, state
from Customers
order by state
```

其中的细节我们将在后面介绍，现在你只需要知道这条语句的作用是从名为 Customers 的数据表中获取 city 和 state 字段，并将结果按 state 字段排序即可。

上述两条语句都说明了我们想要的东西是什么（muffin 或 city/state），希望从哪里获取（pastries 或 Customers），以及一些其他指令（heat it up 或 order by state）。

在正式开始讲解前,让我们先解决一个小问题:SQL 这个词该如何发音?事实上有两种选择。一种是简单地将其作为单独的字母发音,也就是 "S-Q-L"。另一种选择,也是笔者更倾向的做法,是将其读作 "sequel",这比第一种少一个音节,也更容易读出来。不过对于这个问题没有明确的共识,纯粹看个人偏好。

至于 SQL 这几个字母到底是什么含义,大多数人认为它们代表结构化查询语言(*Structured Query Language*)。然而,这其实也没有达成完全的共识。有些人认为 SQL 根本就没有什么具体的含义,这门语言从一门已经过时的语言 sequel 衍生而来,而 sequel 可没有结构化查询语言的意思。

1.1 SQL 是什么

那什么是 SQL?简言之,SQL 是一门用于管理和使用关系型数据库中数据的标准化计算机语言。简单来说,SQL 是一种能够让用户与关系型数据库进行交互的语言。它是由很多组织一起开发的,其历史可以追溯到 20 世纪 70 年代。1986 年,美国国家标准协会(American National Standards Institute,ANSI)发布了第一套关于 SQL 的标准。迄今为止,该标准已被多次修订。

SQL 包含三个主要组成部分。第一部分叫作 DML(data manipulation language,数据操作语言),用来查询、更新、添加或删除数据库中的数据。第二部分叫作 DDL(data definition language,数据定义语言),用来创建和修改数据库,例如 DDL 提供了 ALTER 语句,基于该语句可修改数据表的设计。第三部分叫作 DCL(data control language,数据控制语言),用来维护数据库适当的安全。

主要的软件厂商如 Microsoft 和 Oracle,出于各自的考量都对标准进行了调整,并且对该语言进行了扩展或者修改。虽然每个厂商都实现了特定的 SQL 解释器,但其底层的基础语言是一样的。本书介绍的就是这种基础语言。

作为一门计算机语言,SQL 不同于你可能熟悉的其他语言,比如 C++ 或者 Python。这些语言本质上是过程化的,这意味着它们会通过给定的过程来完成预定的任务。而 SQL 更像是一种声明式语言,SQL 中的预定目标通常是用一条语句来声明的。SQL 之所以拥有这种更简单的结构,是因为它只涉及关系型数据库,而非整个计算机系统。

关于 SQL 的另一个说明是,有些人会将 SQL 与特定的 SQL 数据库混淆。有很多软件公司出售数据库管理系统(database management system,DBMS)软件,通常这些软件中的数据库称为 SQL 数据库,因为 SQL 是用于管理和访问这些数据库中数据的主要手段。一些厂商甚至在数据库名称中使用 SQL 一词,例如 Microsoft 公司就将数据库命名为 SQL Server。事实上,将 SQL 视为语言要比数据库更合适。本书中我们关注的是 SQL 而非某个特定的数据库。

1.2　Microsoft SQL Server、MySQL 和 Oracle

虽然我们的目标是介绍 SQL 的核心知识，因为它适用于所有的 SQL 数据库，但我们最终还是会提供各种 SQL 语法的具体使用示例。不同厂商的语法各有不同，我们将重点关注以下三种流行的数据库使用的 SQL 语法。

- Microsoft SQL Server；
- MySQL；
- Oracle。

它们的语法在大多数情况下是相同的，但存在细微差异。当存在差异时，本书的正文会展示 Microsoft SQL Server 使用的 SQL 语法，而 MySQL 和 Oracle 使用的 SQL 语法的差异将在"数据库差异"版块中展示。

数据库差异

当 MySQL 或 Oracle 使用的 SQL 语法与 Microsoft SQL Server 不同时，这样的版块就会出现。Microsoft SQL Server 使用的 SQL 语法在正文中出现。

Microsoft SQL Server 有多个版本，Microsoft SQL Server 2019 中包含了基础的 Express 版和功能齐全的企业版。免费的 Express 版也包含了丰富的功能，可以支持用户进行全面的数据库开发。企业版则包括很多复杂的数据库管理功能及强大的商业智能组件。

MySQL 虽然属于 Oracle，但它是一个开源数据库，这意味着它的开发不会受单个组织控制。MySQL 除了支持 Windows，还可以在 macOS 和 Linux 等平台上使用。MySQL 提供了可以免费下载的社区版，在笔者撰写本书时，最新版本是 MySQL 8.0。

Oracle 数据库有多个版本。在笔者撰写本书时，最新的版本为 Oracle Database 18c，其中的 Express Edition（XE）版本可以免费使用。

下载所选的数据库对初学者而言有时是很有用的，因为可以使用它们运行样例语句。然而，本书并不要求你这样做。本书希望你通过简单地阅读文本材料就能学习 SQL。我们将在文本中提供足够的数据，这样你无须下载软件或输入语句，就能理解各种 SQL 语句的执行结果。

尽管如此，如果你仍然希望下载这些数据库的免费版本，本书提供了三个附录，这三个附录给出了相应的安装说明和提示。附录 A 提供了动手安装 Microsoft SQL Server 的完整信息，包括安装软件和执行 SQL 命令的细节。附录 B 和附录 C 则针对 MySQL 和 Oracle 提供了相应的说明。

正如前言中所提到的，配套网站提供了补充材料，其中包括本书出现过的三种数据库的所有 SQL 语句。但你可能会发现没必要下载这些文件，因为本书展示的例子都是一目了然的，不用花太多时间就可以理解。然而，如果你确实想下载，那就好好利用它们吧！

除了 SQL Server、MySQL 和 Oracle，其他流行的关系型数据库也值得了解。比如：

- Db2，来自 IBM 公司；
- MongoDB，一个开源数据库；
- PostgreSQL，一个开源数据库；
- Access，来自 Microsoft 公司。

其中 Microsoft 公司的 Access 比较特殊，因为它包含了图形元素。从本质上讲，Access 是关系型数据库的图形化界面。换言之，Access 允许你通过可视化的方式创建对关系型数据库的查询。对于初学者而言，Access 的一个优点在于你可以很容易地在可视化视图中创建一个查询，然后切换到 SQL 视图查看对应的 SQL 语句。Access 的另一个优点是它主要用作桌面数据库，因此可以通过它创建一个完全存在于个人计算机上的单个文件形式的数据库。此外，Access 也可以连接到通过其他工具创建的数据库上，比如 Microsoft SQL Server。

1.3　关系型数据库

有了上述准备，现在让我们来看看关系型数据库的基本知识，了解它们是如何工作的。关系型数据库是一个数据的集合，这些数据可以存于若干张表中。通常情况下，关系（relation）这一术语表示这些表以某种方式相互关联。更准确地说，关系指的是数学中的关系理论，它代表的是控制表格关联方式的逻辑属性。

我们来看一个简单的数据库示例，数据库中仅有两张表：Customer 表和 Order 表。Customer 表针对每个下过单的客户存储一条记录。Order 表针对每个订单存储一条记录。每张表都可以包含任意数量的字段，它们用来存储与该记录相关的各个属性。比如 Customer 表可能包含 FirstName、LastName 等字段。

在这种情况下，将表和其中的数据可视化是很有用的。惯例是将表显示为行和列组成的网格。每一行代表表中的一条记录，每一列代表表中的一个字段。顶部的标题行通常为字段名，其他行则展示实际的数据。

在 SQL 术语中，与视觉表现相对应的是记录（record）和字段（field），它们分别被称为行（row）和列（column）。所以从现在开始，我们在描述关系型数据库中表的设计时，将使用行和列来说明而非记录和字段。

让我们来看一个最简单的关系型数据库的例子。这个数据库仅包含两张表：Customers 表和 Orders 表。Customers 表如表 1.1 所示。

表 1.1

CustomerID	FirstName	LastName
1	Amanda	Taylor
2	George	Miller
3	Rumi	Khan
4	Sofia	Flores

Orders 表如表 1.2 所示。

表 1.2

OrderID	CustomerID	OrderDate	OrderAmount
1	1	2021-09-01	10.00
2	2	2021-09-02	12.50
3	2	2021-09-03	18.00
4	3	2021-09-15	20.00

在这个例子中，Customers 表包含 3 列：CustomerID、FirstName 和 LastName。目前表中有 4 行数据，分别表示 Amanda Taylor、George Miller、Rumi Khan 和 Sofia Flores。每一行代表一个不同的客户，每一列代表与客户有关的不同信息。同样，Orders 表也有 4 行 4 列，表明数据库中有 4 个订单，每个订单包含 4 个属性。

当然，这个例子过于简单，仅提示了真实数据库中可以存储的数据类型。Customers 表通常会包含很多描述客户属性的其他列，比如城市、州、邮政编码、电子邮件和电话号码等。类似地，Orders 表通常会包含描述订单属性的列，比如销售税和接单人。

1.4 主键和外键

注意每张表中的第一列，即 Customers 表的 CustomerID 和 Orders 表的 OrderID，它们通常被称为主键（primary key）。主键存在的价值和必要性有两点。首先，主键让我们能够唯一地标识表中的某一行。例如，当我们想要检索 George Miller 的记录时，可以简单地指定 CustomerID 列以获取数据。主键还能确保唯一性。将 CustomerID 列指定为主键可以确保表中该列在每一行中都有一个唯一的值。即使数据库中碰巧存在两个名为 George Miller 的人，这两行的 CustomerID 列的值也是不同的。

在这个例子中，主键列的值没有任何特殊含义。在 Customers 表中，CustomerID 列的值分别为 1、2、3 和 4。通常情况下，数据表被设计为有新的行加入表中时，则为主键列自动生成连续的数字。这种特性通常称为自增（auto-increment）。

其次，主键可以轻易地将表关联起来。在这个例子中，Orders 表的 CustomerID 列指向 Customers 表中的对应行。看一下 Orders 表的第四行数据，其中 CustomerID 列的值是 3，这意味着该订单是 CustomerID 为 3 的客户的，他的名字是 Rumi Khan。在表之间使用公共列是关系型数据库的一个基本设计元素。

除了单纯指向 Customers 表，Orders 表中的 CustomerID 列还可以被指定为外键。我们将在第 18 章详细介绍外键，现在只需要知道定义外键可以确保列的值是有效的即可。例如，你不希望 Orders 表中的 CustomerID 列包含在 Customers 表中不存在的 CustomerID 的值，将其指定为外键就可以确保。

1.5　数据类型

　　主键和外键为数据库添加了结构。它们可确保数据库中的所有表都能被访问，并且彼此之间有适当的关联。表中各列的另一个重要属性是数据类型。

　　简言之，数据类型是一种定义一个列能包含哪种数据的方式。每张表的每个列都必须指定数据类型。不幸的是，不同的关系型数据库允许存在的数据类型和这些数据类型的具体含义存在很大差异。例如 Microsoft SQL Server、MySQL 和 Oracle 这三种数据库分别存在超过 30 种不同的、可用的数据类型。

　　即使只是针对这三种数据库，我们也无法介绍每一种可用的数据类型的细节和它们之间的细微差异。不过我们可以通过讨论大多数数据库所共有的数据类型的主要类别来了解。一旦理解了每个类别中的重要数据类型，在遇到该类别的其他数据类型时，也都能迎刃而解。一般而言，有三种重要的数据类型，即数值型（Numeric）、字符型（Character）和日期/时间型（Date/Time）。

　　数值数据类型有很多种，包括位（bit）、整数（integer）、小数（decimal）和实数（real number）。位是仅允许存在两个值 0 和 1 的数据类型。位数据类型常被用于定义属性的真假。整数是没有小数位的数字，而浮点数可以包含小数位。不同于位、整数、小数，实数指的是精确值仅在内部被近似定义的数字。所有数值数据类型的主要特点是可以出现在算数运算中。表 1.3 是 Microsoft SQL Server、MySQL 和 Oracle 中数值数据类型的代表性例子。

表 1.3

通用说明	Microsoft SQL Server 数据类型	MySQL 数据类型	Oracle 数据类型	示例
bit	bit	bit	(none)	1
integer	int	int	number	43
decimal	decimal	decimal	number	58.63
real	float	float	number	80.62345

　　字符数据类型有时被称为字符串（string）或字符字符串（character string）数据类型。与数值数据类型不同，字符数据类型不限于表示数字，它可以包括任何字母、数字，甚至是特殊符号，比如星号。当在 SQL 语句中使用字符数据类型的值时，该值必须总是使用单引号括起来。而数值数据类型则不会使用引号。表 1.4 是几个有代表性的字符数据类型的例子。

表 1.4

通用说明	Microsoft SQL Server 数据类型	MySQL 数据类型	Oracle 数据类型	示例
可变长度	varchar	varchar	varchar2	'Mother Teresa'
固定长度	char	char	char	'60601'

第二个例子中的 60601 可能是一个邮政编码。它乍看起来像是数值数据类型的值，因为它仅包含数字。然而邮政编码通常会被定义为字符数据类型，因为邮政编码不需要进行算术运算。

日期/时间数据类型是用来表示日期和时间的。与字符数据类型一样，日期/时间数据类型必须使用单引号括起来。这类数据类型允许对日期进行特殊计算。例如，可以使用特殊函数计算任意两个日期/时间之间的天数。表 1.5 是有关日期/时间数据类型的例子。

表 1.5

通用说明	Microsoft SQL Server数据类型	MySQL 数据类型	Oracle 数据类型	示例
日期	date	date	(none)	'2021-12-15'
日期和时间	datetime	datetime	date	'2021-12-15 08:48:30'

1.6　NULL 值

表中各列的另一个重要属性是该列是否允许包含空值。空值意味着该数据元素没有数据。从字面上理解，它不包含任何数据。但空值不同于空格或空白。从逻辑上讲，空值和空格的处理方式是不同的。第 7 章将会详细讨论检索含有空值的数据与含有空格的数值的细微差别。

许多数据库在展示含有空值的数据时，会使用大写的单词 NULL。这是为了让用户知道数据是空值而不只是空格。我们将遵循这一惯例，本书中使用 NULL 这个词强调对应值是这种特殊的数据类型。

数据库的主键永远不能包含 NULL 值。这是因为根据定义，主键必须包含唯一的值。

1.7　数据库简史

在离开漫谈关系型数据库的话题之前，让我们看看关系型数据库的简史，以了解它的作用和 SQL 的意义。

在 20 世纪 60 年代早期，数据通常存储在磁带或磁盘驱动器文件中。使用 FORTRAN 和 COBOL 等语言编写的计算机程序通常会先读入文件，然后逐条记录并进行处理，最后将数据输出到输出文件中。可以想到，这里的处理过程必然很复杂，因为程序需要被分解为许多单独的步骤，包括形成临时表、排序和多次数据传递，直到产生所需的输出。

20 世纪 70 年代，随着层次数据库和网络数据库的发明与使用，数据库得到了进一步发展。这些新出现的数据库通过精心设计的内部指针系统让数据的读取变得更加容易。例如，程序读取一个客户的记录时，会自动指向该客户的所有订单，并且会指向每个订单的所有详细数据。但从本质上说，这些数据仍然需要逐个记录以进行处理。

在关系型数据库出现之前，数据存储的主要问题不在于存储，而在于如何访问。伴随着 SQL 的出现，关系型数据库才真正取得突破，因为它允许人们采用一种全新的方法来访问数据。这一进步源于 1970 年 IBM 公司的计算机科学家埃德加·弗兰克·科德（Edgar F. Codd）所写的一篇具有深远影响的论文，他概述了用于创建关系型数据库的理论。这些理论促使同样在 IBM 公司工作的两位计算机科学家唐纳德·D. 切姆林（Donald D. Chamberlin）和雷蒙德·F. 博伊斯（Raymond F. Boyce）在 1973 年开始研究一种与关系型数据库交互的语言。到 20 世纪 70 年代末，这种语言才逐步完善，这就是今天我们所熟知的 SQL。

与早期的数据检索方法不同，SQL 允许用户一次访问大量的数据集。通过一条语句，一个 SQL 命令可以从多张表中检索或更新数千条记录。这大大降低了检索的难度。计算机程序不需要按特定的顺序逐个记录、读取数据并进行处理。过去需要几百行编程代码才能完成的事情，现在仅需要几行逻辑就能完成。

1.8　小结

第 1 章介绍了一些关系型数据库的背景信息，作为从数据库中检索数据这一话题的前置准备；讨论了关系型数据库的几个重要特性，如主键、外键和数据类型。此外，还讨论了数据中可能存在的 NULL 值。我们将在第 7 章中补充对 NULL 值的讨论，并在第 18 章继续讨论数据库维护，在第 19 章讨论数据库设计。

为什么数据库设计这一重要话题被推迟到本书的后面呢？简言之，是为了让你能够直接使用 SQL，而不必一开始就关注设计的诸多细节。事实上，数据库设计不仅是一门科学，更是一门艺术。在了解了通过 SQL 检索数据的细节后，再学习数据库的设计原则也许会更具意义。因此，我们暂时不考虑如何设计数据库的问题，第 2 章将开始讨论数据检索问题。

第 2 章
基本数据检索

关键字： SELECT、FROM

本章将开始探讨 SQL 中最重要的话题，即如何从数据库中检索数据。无论你的组织规模有多大，业务分析师最常提出的就是报表需求。当然，将数据输入数据库也不是一项简单的工作。一旦数据到手，业务分析师的精力就会转向他们已掌握的大量数据，希望能从中提取有用的信息。

本书强调的数据检索与这些真实场景中常见的需求一致。SQL 知识能够极大地帮助你的组织揭开隐藏在数据库数据中的秘密。

2.1 简单的 SELECT 语句

在 SQL 中，检索数据是通过 SELECT 语句完成的。废话少说，让我们直接看一个最简单的 SELECT 语句的例子。

```
SELECT * FROM Customers
```

所有的计算机语言都有一些特定的词，即关键字，SQL 也不例外。这些词均有特殊含义，必须通过特定的方法使用。在上述语句中，SELECT 和 FROM 是关键字。SELECT 关键字表示接下来是一条 SELECT 语句。FROM 关键字用于指定要从哪张表检索数据，表名紧随 FROM 关键字之后。在本例中，表名为 Customers。本例中的星号（*）是一个特殊字符，表示"所有列"。

按惯例，关键字会使用全大写字母展示。这样做是为了确保它们足够醒目。总结一下上述 SELECT 语句的意思，即从 Customers 表中选择所有列。

Customers 表如表 2.1 所示。

表 2.1

CustomerID	FirstName	LastName
1	Amanda	Taylor
2	George	Miller
3	Rumi	Khan
4	Sofia	Flores

该 SELECT 语句将会返回如表 2.2 所示的数据。

表 2.2

CustomerID	FirstName	LastName
1	Amanda	Taylor
2	George	Miller
3	Rumi	Khan
4	Sofia	Flores

换言之，该 SELECT 语句会返回 Customers 表中所有的内容。

在第 1 章中，我们提到为每张表指定一个主键是一种常见的做法。在这个例子中，CustomerID 列也被指定为主键。第 1 章还提到，主键有时会被设置为向表中添加行时自动按照数字序列产生一个顺序编码。事实上，我们在书中展示的大多数样本数据都包含一个类似的自增主键列，该列一般是表的第一列。

2.2　语法说明

在编写任何 SQL 语句时，都必须记住两点。首先，SQL 中的关键字是不区分大小写的，SELECT 这个词与 select 或 Select 无异。

其次，一条 SQL 语句可以写成多行，且单词之间可以包含任意数量的空格。例如，以下 SQL 语句：

```
SELECT * FROM Customers
```

等同于

```
SELECT *
FROM Customers
```

通常，将每个重要的关键字作为单独一行的行首是一个好想法。当我们接触到更复杂的 SQL 语句时，这个做法会使我们更容易掌握语句的含义。

本书在介绍不同的 SQL 语句时，通常会同时展示具体示例及其一般格式。例如，上述语句的一般格式如下所示。

```
SELECT *
FROM table
```

斜体用来表示通用表达式。斜体词 *table* 表示可以用任意表名替换它。当你在本书中的 SQL 语句中看到斜体字时，表明可以将其替换为任意有效的单词或短语。

数据库差异：MySQL 和 Oracle
许多 SQL 实现都要求每条语句以分号结尾。MySQL 和 Oracle 也是如此，但在 Microsoft SQL Server 中是可选的。为简单起见，我们在本书中展示没有分号的 SQL 语句。如果你使用的是 MySQL 或 Oracle，则需要在每条语句末尾添加一个分号。比如，前面的语句应改为：

```
SELECT *
FROM Customers;
```

2.3 注释

编写 SQL 语句时，我们常常想要在语句中或前后插入注释。在 SQL 中有两种添加注释的标准方法。第一种方法使用双半字线（--），可以放在一行的任意位置。该行中双半字线之后的所有文本都被视为注释，可以忽略。以下是这种格式的一个例子。

```
SELECT
-- 这是第一个注释
FirstName,
LastName -- 这是第二个注释
FROM Customers
```

第二种方法是从 C 语言中借鉴的，注释为 /* 和 */ 字符之间的文本，在 /* 和 */ 之间的注释文本可以分散在多行。示例如下。

```
SELECT
/* 这是第一个注释 */
FirstName,
LastName /* 这是第二个注释
这是第二个注释的一部分
这是第二个注释的结尾*/
FROM Customers
```

数据库差异：MySQL
MySQL 支持双半字线和 C 语言编程格式（/和/）的注释，但与上述用法略有不同。当使用双半字线格式时，MySQL 要求在第二个半字线后紧跟一个空格或诸如制表符这样的特殊字符。

此外，MySQL 还支持第三种插入注释的方法，这种方法与双半字线类似。在 MySQL 中，你可以在一行中的任意位置放置一个符号#表示注释。该行#后的所有文本都会被视为注释。示例如下。

```
SELECT FirstName
#  这是第一个注释
FROM Customers;
```

2.4　指定列

截至目前，我们所做的不过是简单地显示一张表中的所有数据。如果只想选择某些列，那该怎么办呢？例如，对于同一张表，我们需要指向显示客户姓氏的列。SELECT 语句如下所示。

```
SELECT LastName
FROM Customers
```

输出应该如表 2.3 所示。

表 2.3

LastName
Taylor
Miller
Khan
Flores

如果我们想要选择多列但非全部列，那么 SELECT 语句如下所示。

```
SELECT
FirstName,
LastName
FROM Customers
```

输出应该如表 2.4 所示。

表 2.4

FirstName	LastName
Amanda	Taylor
George	Miller
Rumi	Khan
Sofia	Flores

该语句的一般形式如下。

```
SELECT columnlist
FROM table
```

需要记住的是，如果要在 columnlist 中指定多列，这些列之间必须用逗号隔开。另外请注意，在前面例子中，我们将 columnlist 中的每一列（FirstName、LastName）都放在了不同的行，这样可以提高可读性，但不是必需的。

2.5　带有空格的列名

如果列名中包含空格，那怎么办？例如，将 LastName 列改为 Last Name（两个单词中有一个空格）。显然，以下语句是无效的。

```
SELECT
Last Name
FROM Customers
```

以上语句之所以会被视为无效语句，是因为不存在名为 Last 和 Name 的列，并且，即使真的存在这两列，它们之间也需要使用逗号分隔。解决方案是在包含空格的列名前后放置特殊字符。不同的数据库中使用的字符不同。对于 Microsoft SQL Server，使用的字符是方括号，示例如下。

```
SELECT
[Last Name]
FROM Customers
```

另一个语法说明是，就像关键字不区分大小写一样，表名和列名也不区分大小写。因此，前面的例子等同于以下语句。

```
Select
[last name]
from customers
```

为了显眼，在本书中，我们将所有关键字以大写字母展示，表名和列名也是如此，尽管这不是必需的。

> **数据库差异：MySQL 和 Oracle**
> 在 MySQL 中，将包含空格的列名括起来的是重音符（`）。前面的例子在 MySQL 中的语句如下所示。
>
> ```
> SELECT
> `Last Name`
> FROM Customers;
> ```

在 Oracle 中，将包含空格的列名括起来的是双引号。前面的例子在 Oracle 中的语句如下所示。

```
SELECT
"Last Name"
FROM Customers;
```

此外，不同于 Microsoft SQL Server 和 MySQL，Oracle 中由双引号括起来的列名是区分大小写的。这意味着前面的语句不等同于以下语句。

```
SELECT
"LAST NAME"
FROM Customers;
```

2.6　完整的 SELECT 语句一览

本书的大部分内容均涉及本章所介绍的 SELECT 语句。第 3 章到第 15 章将再次对这个语句进行扩展，并引入新的功能，直到我们认识和理解 SELECT 语句的全部潜力与功能为止。这里只介绍 SELECT 语句的以下部分。

```
SELECT columnlist
FROM table
```

为了不留悬念，让我们先预览一下完整的 SELECT 语句，然后对各部分进行简要说明。完整的包括所有子句的 SELECT 语句如下。

```
SELECT columnlist
FROM tablelist
WHERE condition
GROUP BY columnlist
HAVING condition
ORDER BY columnlist
```

前面已经介绍了 SELECT 子句和 FROM 子句，下面在这两条子句的基础上进行扩展，谈谈其他子句。整条语句以 SELECT 子句开始，它列出了将要被展示的所有列。正如我们将在后面章节看到的，columnlist 不仅可以包含来自指定表的实际列，还可以包含计算列，计算列通常由表的一个或多个字段派生而来。columnlist 中的列还可以包含函数，这是一种转换数据的特殊方式。

FROM 子句用于指定获取数据的数据源。大多数情况下，这些数据源是表。在后面的章节中我们将了解到，这些数据源也可以是其他的 SELECT 语句，它们代表数据的虚拟视图（view）。本章中的 tablelist 是一张单表。后面的章节将会介绍 SQL 的一个重要特性，即通过 JOIN 可以将多张表合并到一条 SELECT 语句中。因此，我们会看到很多例子中的 FROM 子句的 tablelist 是由多张表连接起来的。

WHERE 子句用来表示选择逻辑，可以用于准确地指出哪些数据行将被检索出来。WHERE 子句可以利用基本的算术运算符，如等号（=）、大于号（>），以及布尔运算符（如 OR 和 AND）。

GROUP BY 子句在汇总数据方面扮演了重要角色。通过将数据组织成不同组的方式，分析人员不仅可以对数据进行分组，还能使用诸如求和或者计数等统计方法汇总每组中的数据。

数据被分组后，查询条件就变得有些复杂了。必须询问查询条件是用于单行还是整个组。例如，当按所在州对客户进行分组时，你可能只有在该州所有客户的总购买量超过一定数额时，才想查看这些客户所在的行。这就是 HAVING 子句的作用。HAVING 子句用来指定整个数据组的选择逻辑。

最后，ORDER BY 子句用于对数据进行升序或者降序排序，无论这些数据是字母还是数字。

在后面的章节中会明确指出，如果 SELECT 语句中的各种子句都存在，它们的顺序必须与前面给出的语句顺序相同。例如，如果 SELECT 语句中存在 GROUP BY 子句，则其必须出现在 WHERE 子句之后，HAVING 子句之前。

除了上面提到的所有子句，书中还将讨论编写 SELECT 语句的另外几种方法，包括子查询和集合逻辑。子查询是在一条 SELECT 语句中插入另一条 SELECT 语句的方法，这对于特定类型的条件逻辑往往很有用。集合逻辑则是一种将多个查询并列地组合为一个查询的方法。

2.7　小结

本章已开始探索如何使用 SELECT 语句检索数据，我们也了解了它的基本语法以及如何用它来选择特定的列。然而，在实际工作中，这些知识还远远不够。更重要的是，我们还没有学会如何在数据检索中使用各种类型的查询条件。例如，虽然我们知道了如何选择所有客户，但不知道如何只选择纽约州的客户。

然而，我们在第 6 章中才会介绍查询条件。但在这之前我们要做什么呢？在接下来的几章中，我们将介绍 SELECT 语句的 columnlist 部分所能做的事。第 3 章将继续研究选取列的更多方法，让我们能够在单列中实现复杂运算，还将讨论重命名列的方法，使其更具描述性。第 4 章和第 5 章中将会介绍创建更加复杂、功能更加强大的 columnlist 的方法，以便在第 6 章讨论查询条件时有足够的技术可使用。

第3章

计算字段和别名

关键字：AS

第2章介绍了如何在 SELECT 语句中指定显示单个列。现在介绍一种从数据库中获取单个数据项并进行计算的方法。这种技术称为计算字段。通过这种技术，我们可以对客户名称进行转换，使其格式符合要求。我们还可以针对不同的业务或企业进行特定的数学运算并进行展示。简言之，SQL 开发人员经常需要定制个别列的内容，以便成功地将数据转换为更相关、更易理解的信息。计算字段是实现这一目标的一大利器。

有了计算字段这种技术，当从一个表中选择数据时，就不再局限于只能选择表中已有的列。计算字段这种技术提供了很多可能性，通过它可以做到以下事情。

- 显示特定的单词或值；
- 对单个列或多个列进行计算；
- 将列和特定的单词或值结合起来。

后续的例子都将基于 Sales 表（见表 3.1）中的数据讲解。

表 3.1

SalesID	FirstName	LastName	QuantityPurchased	PricePerItem
1	Andrew	Li	4	2.50
2	Juliette	Dupont	10	1.25
3	Francine	Baxter	5	4.00

3.1 字面量

实际上下面给出的第一个有关计算字段的例子根本不涉及计算。在这个例子中，将指定一个与表中数据无关的特定值作为一列。这种类型的表达式称为字面量。示例如下。

```
SELECT
'First Name:',
```

```
FirstName
FROM Sales
```

这条语句返回的数据如表 3.2 所示。

表 3.2

(no column name)	FirstName
First Name:	Andrew
First Name:	Juliette
First Name:	Francine

在这条语句中，我们选择了两个数据项。第一个是字面量'First Name:'，请注意，单引号用来表示这是一个带有字符数据的字面量。第二个是 FirstName 列。

还需要注意的有两点，首先，字面量'First Name:'在每一行都会重复出现。其次，第一列没有标题信息。当在 Microsoft SQL Server 中运行上述语句时，列头将会显示为 "(no column name)"。这是因为它是一个计算字段，没有与此信息相关联的列名。

数据库差异：MySQL 和 Oracle
MySQL 和 Oracle 都会在列头中显示字面量的值。在 MySQL 中，标题是字面量或计算公式。例如，对于前面的例子，第一列的标题将会显示为：

```
First Name:
```

在 Oracle 中，标题也是字面量或计算公式，但字母都是大写的，且没有任何空格。例如，对于前面例子，第一列的标题将会显示为：

```
'FIRSTNAME:'
```

你可能会问，为什么表头这么重要？如果使用 SELECT 语句是为了检索一些数据，那么标题本身似乎并不重要，只有数据才重要。然而，如果使用 SELECT 语句获取到的数据是要显示给用户看的报表，那么表头就至关重要了。报表中通常是要显示列头的。当用户查看报表中的某列数据时，他们通常想知道这一列的含义，并且会从列头中寻找信息。对于字面量而言，这一列确实没有任何意义，所以列头并不是必需的。但在其他类型的计算字段中，可能会存在一个用于描述该列的有意义的标签。比如，本章后面会讨论别名的概念，它代表在这种情况下提供标题的方法。

关于字面量，还有一点要介绍。你可能会从前面的例子中推测，所有的字面量都需要用到引号，但并非如此。例如，下面这条语句：

```
SELECT
5,
FirstName
FROM Sales
```

返回的数据如表 3.3 所示。

表 3.3

(no column name)	FirstName
5	Andrew
5	Juliette
5	Francine

字面量 5 是一个有效的值，虽然它毫无意义。由于不包含引号，所以 5 被解释为数字值。

3.2　算术运算

来看一个更典型的有关计算字段的例子。算术运算允许我们对表中的一列或多列进行计算。例如：

```
SELECT
SalesID,
QuantityPurchased,
PricePerItem,
QuantityPurchased * PricePerItem
FROM Sales
```

这条语句返回的数据如表 3.4 所示。

表 3.4

SalesID	QuantityPurchased	PricePerItem	(no column name)
1	4	2.50	10.00
2	10	1.25	12.50
3	5	4.00	20.00

与字面量一样，第 4 列没有标题，因为它不是从单一列派生而来的。上述 SELECT 语句的前三列和之前看到的并无不同。第 4 列是带有如下算术表达式的计算列。

```
QuantityPurchased * PricePerItem
```

在这个例子中，星号代表乘法，并非是第 2 章中"所有列"的含义。除了星号，计算字段还允许使用其他算术运算符，其中最常见的如表 3.5 所示。

表 3.5

算术运算符	含义
+	加法
-	减法
*	乘法
/	除法

指数运算符是一个常用的算术运算符，但不能在 Microsoft SQL Server 和 MySQL 中使用。要在 SQL 中进行指数运算，必须使用 POWER 函数。我们将在第 4 章进行演示。

> **数据库差异：Oracle**
>
> 不同于 SQL Server 和 MySQL，Oracle 提供了一个用于进行指数运算的算术运算符，该运算符用**表示。例如，表达式 4**2 表示取 4 的 2 次方。与 SQL Server 和 MySQL 一样，Oracle 也提供了 POWER 函数。

3.3　连接字段

连接（concatenation）是一个计算机术语，表示将字符数据组合或连接在一起。就像可以对数值数据进行算术运算一样，字符数据也可以被组合或连接到一起。连接的语法因数据库而异。以下是一个 Microsoft SQL Server 中的例子。

```
SELECT
SalesID,
FirstName,
LastName,
FirstName + ' ' + LastName
FROM Sales
```

检索到的数据如表 3.6 所示。

表 3.6

SalesID	FirstName	LastName	(no column name)
1	Andrew	Li	Andrew Li
2	Juliette	Dupont	Juliette Dupont
3	Francine	Baxter	Francine Baxter

表 3.6 的前三列依然与之前没什么不同。第 4 列是由 SQL 语句中的以下表达式派生而来的。

```
FirstName + ' ' + LastName
```

加号表示连接。因为这个操作涉及字符而非数值数据，所以 SQL 很聪明地知道，这里的加号指的是连接而非加法。在这个例子中，连接是由三部分组成的：FirstName 列、空格字面量（' '）和 LastName 列。空格字面量是必需的，否则 William Smith 这样的名字就会被显示为 WilliamSmith。

> **数据库差异：MySQL 和 Oracle**
>
> MySQL 不使用加号等符号表示连接，而是使用一个名为 CONCAT 的函数。我们将在

第 4 章介绍函数，但现在先给出 MySQL 中的等效语句。

```
SELECT
SalesID,
FirstName,
LastName,
CONCAT (FirstName, ' ', LastName)
FROM Sales;
FROM Sales;
```

从本质上讲，CONCAT 将括号中的三部分合并为了一个表达式。

Oracle 使用两个竖线（||）而非加号来表示连接。Oracle 中的等效语句如下。

```
SELECT
SalesID,
FirstName,
LastName,
FirstName || ' ' || LastName
FROM Sales;
```

3.4　列的别名

在本章前面的所有例子中，计算字段都没有表头或者表头不具备描述性。当遇到计算字段时，Microsoft SQL Server 会显示"(no column name)"。现在来谈谈如何为此类列指定一个描述性的标题。简言之，解决方案是使用列的别名（alias）。术语"别名"的意思是替代名称。说明如何为前面的 SELECT 语句指定列别名的示例如下。

```
SELECT
SalesID,
FirstName,
LastName,
FirstName + ' ' + LastName AS 'Name'
FROM Sales
```

关键字 AS 用来指定列的别名，别名紧随在关键字 AS 之后。注意，列的别名被单引号括起来了。以上语句的输出如表 3.7 所示。

表 3.7

SalesID	FirstName	LastName	Name
1	Andrew	Li	Andrew Li
2	Juliette	Dupont	Juliette Dupont
3	Francine	Baxter	Francine Baxter

从表 3.7 可以看出，第 4 列现在有了表头。在这个例子中，我们把列的别名放在了

单引号中。这个引号并非是必不可少的，除非别名中间包含空格。此外，关键字 AS 也是可选的。然而，我们在本书中坚持使用关键字 AS，以明确这是列的别名。如果没有单引号或关键字 AS，前面的 SELECT 语句如下所示，它们的结果是一样的。

```
SELECT
SalesID,
FirstName,
LastName,
FirstName + ' ' + LastName Name
FROM Sales
```

你还是可以继续使用星号来表示所有列，再附加计算字段或其他表达式。例如，以下 SELECT 语句：

```
SELECT
*,
FirstName + ' ' + LastName AS 'Full Name'
FROM Sales
```

产生的输出如表 3.8 所示。

表 3.8

SalesID	FirstName	LastName	QuantityPurchased	PricePerItem	Full Name
1	Andrew	Li	4	2.50	Andrew Li
2	Juliette	Dupont	10	1.25	Juliette Dupont
3	Francine	Baxter	5	4.00	Francine Baxter

数据库差异：Oracle

Oracle 数据库不允许选择所有字段并附加额外字段。

除了为计算字段提供表头，当你想更换表中不易理解的列名时，列的别名也很有用。例如，如果一张表有一个名为 Qty 的列，则可以使用下列语句将该列展示为 Quantity Purchased。

```
SELECT
Qty AS 'Quantity Purchased'
FROM table
```

数据库差异：Oracle

Oracle 使用双引号表示列的别名。在 Oracle 中，前面的语句将会被写为：

```
SalesID,
FirstName,
LastName,
FirstName || ' ' || LastName AS "Name"
FROM Sales;
```

3.5　表的别名

关键字 AS 不仅可以为列提供替代名称，还可以为表指定别名。使用别名一般有三个原因。第一个原因是表名不易理解或太复杂。例如，如果一张表的表名为 Sales123，那么可以通过以下 SELECT 语句给表赋予别名 Sales。

```
SELECT
LastName
FROM Sales123 AS Sales
```

与列的别名一样，关键字 AS 是可选的。不同的是，表的别名不在引号中。使用别名的第二个原因是将别名作为任何选中列的前缀。例如，上述语句也可以改写为：

```
SELECT
Sales.LastName
FROM Sales123 AS Sales
```

现在，Sales 被作为 LastName 列的前缀，前缀和列名使用点进行了分隔。在这个例子中，前缀并非必需的，甚至是多余的。因为该查询中仅有一张表，没必要将表名作为列的前缀。然而，当从多张表中选择数据时，前缀通常会很有用，甚至是必需的。当涉及多张表时，添加表名作为前缀有助于在查看查询语句时快速搞明白每一列来自哪张表。此外，当多张表中存在相同名称的列时，也需要使用表的别名。第 11 章中会对这种用法进行说明。

使用别名的第三个原因与在子查询中使用表有关。我们将在第 14 章中进行说明。

> **数据库差异：Oracle**
>
> 在 Oracle 中，关键字 AS 可以用作列的别名，但不能用作表的别名。上述 SELECT 语句在 Oracle 中为：
>
> ```
> SELECT
> Sales.LastName
> FROM Sales123 Sales;
> ```

3.6　小结

本章讨论了在 SELECT 语句中创建计算字段的三种主要方法。一是用字面量选择特定的单词或值。二是在单个表达式中对一列或多列应用算术运算。三是通过连接将列和字面量结合在一起。本章还讨论了与列的别名相关的主题，该主题在后续章节有更详细的介绍。

　　第 4 章将讨论函数这一主题，它提供了更复杂、更有趣的方法来执行计算。如前面所讲，目前还没有达到可以在 SQL 语句中应用查询条件的程度。现在仍然在讨论能对 SELECT 语句中的 columnlist 做哪些事。这种有条不紊的学习方法会在第 6 章讨论查询条件时得到回报。

第 4 章
使用函数

关键字：LEFT、RIGHT、SUBSTRING、LTRIM、RTRIM、UPPER、LOWER、GETDATE、DATEPART、DATEADD、DATEDIFF、ROUND、PI、POWER、CAST、ISNULL 和 NEWID

熟悉 Microsoft Excel 的人应该都知道，函数为普通的电子表格用户提供了大量功能。如果不使用函数，就不能发现电子表格中大部分数据的价值。对 SQL 而言也是如此。熟练掌握 SQL 函数能够极大地提升你的能力，可以让你为查看 SQL 生成的数据或报告的人提供更好的服务。

本章涵盖了四类最常用的函数，即字符函数、日期/时间函数、数字函数和其他杂项函数。此外，我们还将介绍复合函数，它可以将多个函数组合成一个表达式。

4.1 函数是什么

不同于第 3 章中介绍的计算字段，函数能提供另外一种操作数据的方法。正如我们所看到的，计算可以涉及多个字段，可以使用算术运算符（比如乘法），也可以使用连接。与之类似，函数可以接收来自多个值的数据，但函数的结果通常是一个单一的值。

函数是什么？简单来说，函数是一个将任意数量的输入值转换为输出值的规则。函数中定义的规则不能改变。函数的使用者可以为函数指定任意输入。对部分函数而言，某些输入是可选的。也可以将函数设计为没有输入。不变的是，无论输入值的类型或数量是怎样的，调用函数时总是会返回一个精确的值。

有两种类型的函数：标量（scalar）函数和聚合（aggregate）函数。术语"标量"一词源于数学。在计算机应用领域，标量函数只能用于单行数据。例如，LTRIM 函数用于为一行数据的一个指定值删除空格。

相反，聚合函数应用于较大的数据集。例如，SUM 函数可以用于计算一列中所有数值的总和。由于聚合函数适用于更大的数据集或数据组，因此相关的讨论留待第 9 章进行。

每个 SQL 数据库都提供了几十个标量函数。不同数据库的具体函数在名称和工作原理上的差异很大。因此，我们只会介绍一些比较有用的标量函数。

常见的标量函数有字符、日期/时间和数字三类。这些函数允许你对字符、日期/时间或数字数据类型进行操作。

4.2　字符函数

字符函数能够用来操作字符数据。正如字符数据类型有时被称为字符串数据类型一样，字符函数有时也被称为字符串函数。下面将介绍 LEFT、RIGHT、SUBSTRING、LTRIM、RTRIM、UPPER 和 LOWER 这 7 个字符函数。

本章示例不是从某张表中检索数据，而是简单地在 SELECT 语句的 columnlist 中使用字面量。现在先来看 LEFT 函数的一个例子。当下列 SQL 语句被执行时：

```
SELECT
LEFT('sunlight',3) AS 'The Answer'
```

返回的数据如表 4.1 所示。

表 4.1

The Answer
sun

以上语句使用别名“The Answer”作为结果列的标题。注意，该语句没有 FROM 子句。我们不是从表中检索数据，而是从一个单一的字面量（sunlight）中选择数据。在很多有关 SQL 的实现（包括 Microsoft SQL Server 和 MySQL）中，SELECT 语句的 FROM 子句并不是必需的，尽管在实践中很少有人写这种没有 FROM 子句的 SELECT 语句。我们采用这种没有 FROM 子句的格式是为了更容易地说明函数的工作原理。

现在让我们仔细看看 LEFT 函数的格式，如下所示。

```
LEFT(CharacterValue, NumberOfCharacters)
```

每个函数都允许在圆括号中带有一定数量的参数。例如，上述 LEFT 函数有两个参数：CharacterValue 和 NumberOfCharacters。参数是一个常用的数学术语，是函数的一个组成部分。当函数的所有参数都确定时，函数的含义才能确定。对于 LEFT 函数来说，CharacterValue 和 NumberOfCharacters 都是定义调用 LEFT 函数时所发生行为的必需参数。

LEFT 函数的这两个参数都是必需的。如前所述，其他函数的参数可能更多，也可能更少。比如你将在本章后面看到的 GETDATE 函数，甚至没有参数。不管有没有参数，都必须在函数名后面使用一组圆括号，其存在的意义为表明该表达式是一个函数，而非其他含义。

LEFT 函数格式的含义是：选取指定的 CharacterValue，从其左侧开始选择 NumberOfCharacters 个字符作为结果。在上面的例子中，选取的字符值是 sunlight，选择的 NumberOfCharacters 是 3，即取左边 3 个字符，所以最终返回的结果是 sun。

请记住，对于想要使用的函数，可以在数据库的参考指南中查找，以确定其含义和参数数量。

现在让我们来看看 RIGHT 函数。它与 LEFT 函数类似，只是它从输入值右侧开始选取字符。RIGHT 函数的一般格式如下。

```
RIGHT(CharacterValue, NumberOfCharacters)
```

例如：

```
SELECT
RIGHT('sunlight',5) AS 'The Answer'
```

返回的数据如表 4.2 所示。

表 4.2

The Answer
light

在本例中，需要将 NumberOfCharacters 参数指定为 5 才能得到返回值 light。如果值为 3，就只返回 ght。

使用 RIGHT 函数常出现的一个问题是，字符数据的右侧经常包含空格。让我们看一个例子，一个只有一行数据的表包含名为 President 的列，该列长度被设置为 20 个字符，如表 4.3 所示。

表 4.3

President
George Washington

如果我们对表 4.3 运行以下 SELECT 语句：

```
SELECT
RIGHT(President,10) AS 'Last Name'
FROM table1
```

则得到的数据如表 4.4 所示。

表 4.4

Last Name
hington

我们期望得到的结果是 Washington，但只得到了 hington。问题在于整列是 20 个字符，但在 George Washington 的右侧有 3 个空格。因此，当我们要求得到最右边的 10 个字符时，SQL 会取这 3 个空格及原始表达式中的另外 7 个字符。你很快就会看到，在使用 RIGHT 函数之前，使用 RTRIM 函数删除最右边空格的示例。

你也许想知道如何从表达式的中间选择数据。答案是通过 SUBSTRING 函数实现。该函数的一般格式如下。

```
SUBSTRING(CharacterValue, StartingPosition, NumberOfCharacters)
```

例如：

```
SELECT
SUBSTRING('thewhitegoat',4,5) AS 'The Answer'
```

返回的数据如表 4.5 所示。

表 4.5

The Answer
white

该函数的功能为从第 4 位开始选择 5 个字符，返回的结果为 white。

数据库差异：MySQL 和 Oracle

在 MySQL 中，对于某些函数，MySQL 会要求在函数名和左括号之间没有空格。例如，前面的语句必须完全按照目前的写法使用。此外，MySQL 也不允许在 SUBSTRING 函数后输入一个多余的空格。

在 Oracle 中，SUBSTRING 函数等价于 SUBSTR 函数。SUBSTRING 函数的第二个参数 StartingPosition 可以为负数。负数意味着需要在该列从右向左计算位置。

如前所述，Oracle 不允许编写没有 FROM 子句的 SELECT 语句。但是，它为这种情形提供了一张名为 DUAL 的虚拟表。带有 SUBSTRING 函数的 SELECT 语句在 Oracle 中的等价语句如下所示。

```
SELECT
SUBSTR('thewhitegoat',4,5) AS "The Answer"
FROM DUAL;
```

接下来要介绍的两个字符函数可以删除表达式左边或右边的所有空格。LTRIM 函数用于从字符表达式的左边裁剪字符，例如：

```
SELECT
LTRIM(' the apple') AS 'The Answer'
```

返回的数据如表 4.6 所示。

表 4.6

The Answer
the apple

注意，LTRIM 函数很聪明，它只会删除最左边的空格而不会删除短语中间的空格。

类似 LTRIM 函数，RTRIM 函数会删除字符值右边的所有空格。RTRIM 函数的例子将在第 4.3 节中给出。

我们要介绍的最后两个字符函数是 UPPER 和 LOWER。它们会将任何给定的单词或短语转换为大写或小写。它们的语法很简单，下面是一个包含这两个函数的示例。

```
SELECT
UPPER('Abraham Lincoln') AS 'Convert to Uppercase',
LOWER('ABRAHAM LINCOLN') AS 'Convert to Lowercase'
```

输出如表 4.7 所示。

表 4.7

Convert to Uppercase	Convert to Lowercase
ABRAHAM LINCOLN	abraham lincoln

4.3 复合函数

函数的一个重要特征是，两个或多个函数可以组合成复合函数，无论是字符、数值还是日期/时间函数都适用。一个包含两个函数的复合函数可以被视为函数的函数。下面继续使用 George Washington 的查询示例进行说明。数据如表 4.8 所示。

表 4.8

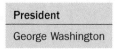

President
George Washington

注意，President 列的长度为 20 个字符。因此，在 George Washington 这一数值右边还有 3 个难以察觉的空格。除了说明复合函数，接下来的例子还涉及第 4.2 节中提到的 RTRIM 函数。以下这条语句：

```
SELECT
RIGHT(RTRIM (President),10) AS 'Last Name'
FROM table1
```

返回的数据如表 4.9 所示。

表 4.9

Last Name
Washington

为什么这次得到了正确的结果呢？让我们研究一下这个复合函数是怎么工作的。这里涉及两个函数：RIGHT 和 RTRIM。复合函数总是从内向外执行的。在本例中，最内部的函数是：

```
RTRIM(President)
```

RTRIM 函数用于获取 President 列的值并消除最右边的所有空格。之后，RIGHT 函数对前者的结果进行运算，以返回预期值。由于

```
RTRIM(President)
```

等同于 George Washington，所以我们可以说以下语句：

```
SELECT
RIGHT(RTRIM (President), 10)
```

相当于

```
SELECT
RIGHT('George Washington', 10)
```

通过先对输入数据应用 RTRIM 函数，然后将 RIGHT 函数添加到这条表达式中，得到了所需的最终结果。

4.4　日期/时间函数

日期/时间函数允许对日期和时间值进行操作。具体的函数名因数据库而异。对于 Microsoft SQL Server，我们要介绍的函数是 GETDATE、DATEPART、DATEADD 和 DATEDIFF。

最简单的日期/时间函数是返回当前日期和时间的函数。在 Microsoft SQL Server 中，该函数被命名为 GETDATE，它没有参数，只是简单地返回当前的日期和时间，示例语句如下所示。

```
SELECT GETDATE()
```

该语句返回一个当前日期和时间的表达式。由于 GETDATE 没有参数，所以在圆括号内没有指定任何内容。记住，日期/时间字段是一种特殊的数据类型，它在一个字段中同时包含日期和时间。该类型的样例值为：

```
2021-12-15 08:48:30
```

该值是指 2021 年 12 月 15 日的上午 8 点 48 分 30 秒。

数据库差异：MySQL 和 Oracle

在 MySQL 中，等价于 GETDATE 函数的是 NOW 函数。上述语句可以写为：

```
SELECT NOW()
```

在 Oracle 中，等价于 GETDATE 函数的是 CURRENT_DATE 关键字，上述语句可以写为：

```
SELECT CURRENT_DATE
```

接下来要介绍的日期/时间函数能够返回任何指定日期，包括具体的日期、星期等元素。同样，这个函数的名字也因数据库而异。在 Microsoft SQL Server 中，该函数被称为 DATEPART，其一般格式如下。

```
DATEPART(DatePart, DateValue)
```

DateValue 参数是任意日期；DatePart 参数支持的值很多，包括 year、quarter、month、dayofyear、day、week、weekday、hour、minute 和 second。

表 4.10 显示了对于日期 "12/6/2021"，函数 DATEPART 在 DatePart 参数具有不同的值的情况下返回的结果。

表 4.10

DATEPART Function Expression	Resulting Value
DATEPART(month, '12/6/2021')	12
DATEPART(day, '12/6/2021')	6
DATEPART(week, '12/6/2021')	50
DATEPART(weekday, '12/6/2021')	2

看看表 4.10 中的数值，12/6/2021 中的 month 是 12、day 是 6，week 是 50（因为 12/6/2021 是在这一年的第 50 个周），weekday 是 2（因为 12/6/2021 是周一，也就是一周中的第二天[①]）。

数据库差异：MySQL 和 Oracle

在 MySQL 中，与 DATEPART 函数等价的是 DATE_FORMAT 关键字，DateValue 参数的可选值也不同。例如，为了返回日期 "12/6/2021" 是当周的第几天，应该在 MySQL 中使用以下语句：

```
SELECT DATE_FORMAT('2021-12-06', '%d');
```

Oracle 中没有与 DATEPART 函数相当的函数。

---

① weekday 以周日作为每周的第一天。——译者注

DATEADD 函数允许分析员为一个指定日期添加或减去给定的时间段。其一般格式如下。

```
DATEADD (DatePart, Number, Date)
```

DatePart 参数的有效值与之前提到的 DATEPART 函数相同。Date 参数是你想修改的日期，Number 参数是你想添加到该日期中的值，它可以是正数或者负数。DATEADD 函数应用的若干示例如表 4.11 所示。

表 4.11

DATEADD Function Expression	Resulting Value
DATEADD(day, 2, '12/6/2021')	2021-12-08 00:00:00.000
DATEADD(week, 1, '12/6/2021')	2021-12-13 00:00:00.000
DATEADD(month, –1, '12/6/2021')	2021-11-06 00:00:00.000
DATEADD(year, 1, '12/6/2021')	2022-12-06 00:00:00.000

Resulting Value 列的格式因数据库的设置可能存在差异。注意，第三行数据中 Number 的值为 –1，表示从指定的日期中减去一个月。

数据库差异：MySQL 和 Oracle

在 MySQL 中，DATEADD 函数被称为 ADDDATE 函数，其一般格式如下。

```
ADDDATE(Date, Interval_Expression)
```

其中，Interval_Expression 由 INTERVAL 关键字、一个数值和时间单位组成。下面的示例表示在一个指定的日期上添加 2 天。

```
ADDDATE('12/6/2021', INTERVAL 2 day)
```

最后介绍的一个日期/时间函数是 DATEDIFF。该函数用于确认两个日期的间隔（比如天数）。其一般格式如下。

```
DATEDIFF (DatePart, StartDate, EndDate)
```

DatePart 参数的可选值与之前一样，包括 year、month、day 和 hour。表 4.12 展示了对于不同的 DatePart 参数的值，日期 7/8/2021 和 8/14/2021 的间隔值是多少。

表 4.12

DATEDIFF Function Expression	Resulting Value
DATEDIFF(day, '7/8/2021', '8/14/2021')	37
DATEDIFF(week, '7/8/2021', '8/14/2021')	5
DATEDIFF(month, '7/8/2021', '8/14/2021')	1
DATEDIFF(year, '7/8/2021', '8/14/2021')	0

表 4.12 表明，两个日期相差 37 天，即 5 周、1 月、0 年。

> **数据库差异：MySQL 和 Oracle**
>
> 在 MySQL 中，DATEDIFF 函数只能用来计算两个日期相差的天数，且结束日期必须放在开始日期之前，返回的结果总是一个正数。其一般格式如下。
>
> ```
> DATEDIFF(EndDate, StartDate)
> ```
>
> Oracle 中没有与 DATEDIFF 函数相当的函数。

4.5　数值函数

数值函数允许对数字值进行操作。数值函数有时被称为数学函数。下面要介绍的函数是 ROUND、PI 和 POWER。

ROUND 函数允许你对任何数字值进行四舍五入，其一般格式如下。

```
ROUND(NumericValue, DecimalPlaces)
```

无论是正数、负数，还是有小数位或没有小数位的数值（如 712.863 或-42），都可以用作 NumericValue 参数。DecimalPlaces 参数则比较复杂，它可以是正整数、负整数或零。如果 DecimalPlaces 是正整数，意味着将 NumericValue 四舍五入到小数点后的那一位。如果 DecimalPlaces 是负整数，意味着将 NumericValue 四舍五入到小数点前的那一位。表 4.13 显示了在不同的 DecimalPlaces 参数值下数字 712.863 的舍入情况。

表 4.13

ROUND Function Expression	Resulting Value
ROUND(712.863, 3)	712.863
ROUND(712.863, 2)	712.860
ROUND(712.863, 1)	712.900
ROUND(712.863, 0)	713.000
ROUND(712.863, –1)	710.000
ROUND(712.863, –2)	700.000

PI 函数的作用很简单，就是返回数学常数 π 的值。你可能还记得高中的几何知识，数字 π 是一个值近似于 3.14 的无理数。该函数不常用，但它很好地说明了一个问题，即数值函数可以不需要任何参数。例如，在 Microsoft SQL Server 中，如下语句：

```
SELECT PI()
```

的返回值为 3.14159265358979。

现在进一步说明该例子。假设我们想把 π 的值四舍五入到小数点后两位，可以基于

PI 和 ROUND 函数创建一个复合函数来实现。PI 函数用于获取初始值，ROUND 函数用于将前值四舍五入到两位小数。以下语句将返回 3.14。

```
SELECT ROUND(PI(),2)
```

数据库差异：Oracle

不同于 Microsoft SQL Server 和 MySQL，Oracle 中没有 PI 函数。

下面要介绍的数值函数是 POWER，它比 PI 函数更常用。POWER 函数用于指定指数值。该函数的一般格式如下。

```
POWER(NumericValue, Exponent)
```

现在使用一个例子说明如何计算数字的平方和平方根，SELECT 语句如下。

```
SELECT
POWER(5,2) AS '5 Squared',
POWER(25, .5) AS 'Square Root of 25'
```

返回的结果如表 4.14 所示。

表 4.14

5 Squared	Square Root of 25
25	5

对于表 4.14 的第一列，5 是底数，指数是 2。从本质上讲，我们是在取 5 的 2 次方，通俗来说就是计算"5 的平方"。第二列显示了如何计算平方根。注意，数字的平方根可以通过小数指数来表示，我们通过取 25 的 1/2（即 0.5）次方来计算 25 的平方根。

4.6　其他函数

上面介绍的函数都是用于操作字符、日期/时间或数值数据类型的。接下来我们要实现将数据从一种数据类型转换为另外一种数据类型或执行其他杂项任务等的需求。本章剩余部分将介绍三个与此相关的函数。

CAST 函数用于将数据从一种类型转换为另外一种类型。该函数的一般格式如下。

```
CAST(Expression AS Data_Type)
```

CAST 函数的格式与之前看到的其他函数的格式略有不同，因为它用 AS 这个词分隔两个参数，而非逗号。下面看一个示例语句，其中 Quantity 列被定义为字符数据类型。

```
SELECT
2 * Quantity
FROM table
```

你可能会下意识认为这条语句会失败，因为 Quantity 没有被定义为数值列。然而，大多数 SQL 数据库都很聪明，会自动将 Quantity 转换为数值再乘以 2。

下面是一个必须使用 CAST 函数的例子。假设有一个字符数据类型的列，其中存储的是日期值，我们想把这些日期转换为真正的日期/时间列。以下语句说明了 CAST 函数如何处理这种转换。

```
SELECT
'2022-02-23' AS 'Original Date',
CAST('2022-02-23' AS DATETIME) AS 'Converted Date'
```

输出如表 4.15 所示。

表 4.15

Original Date	Converted Date
2022-02-23	2022-02-23 00:00:00

Original Date 列看起来像是日期，但实际上只是字符数据。相反，Converted Date 列才是真正的日期/时间列，其显示的时间值证明了这一点。

CAST 函数的另一个重要用途是从日期中移除时间值。假设你想使用 GETDATE 函数检索当前日期，且只想查看结果中的日期，不想看到时间，那么下列使用了 CAST 函数的语句可以达到该目的。

```
SELECT
GETDATE() AS 'Current Date',
CAST(GETDATE() AS DATE) AS 'Date Only'
```

假设当前日期是 11/15/2021，时间是下午 4:15，那么上述语句的输出如表 4.16 所示。

表 4.16

Current Date	Date Only
2021-11-15 16:15:00.000	2021-11-15

延伸：相对日期

数据分析中的一项常见任务是选择相对于当前日期的日期。例如，你可能想查看昨天的销售数据或前一个日历月的销售数据。下面会给出两个完成上述任务的通用公式。

想要选择前一天的数据，需要使用 DATEADD、GETDATE 和 CAST 函数构造一个复合函数。GETDATE 函数提供了当前日期，DATEADD 函数用于计算前一天的日期。CAST

函数用于将结果转换为没有时间的日期。以下表达式可以用来选择前一天的日期。

```
CAST(DATEADD(day, -1, GETDATE()) AS DATE)
```

选择前一个月的数据需要用到一个相当复杂的表达式。诀窍是创建一个表达式，选择大于等于前一个日历月的第一天并小于当前月的第一天的数据。这里需要使用包含DATEADD、GETDATE、DATEPART、CAST 和 RTRIM 函数的复合函数。

以下是这种表达式的一个实现，该表达式需要在 SELECT 语句的 WHERE 子句中使用。在下列语句中，the_date 是要被执行的日期。

```
WHERE the_date >=
/*The following three lines return the first day of the prior month,
in mm/dd/yyyy format */
RTRIM(CAST(DATEPART(month, DATEADD(month, -1, GETDATE())) as char))
+ "/1/"
+ RTRIM(CAST(DATEPART(month, DATEADD(year, -1, GETDATE())) as char))
AND the_date <
/*The following three lines return the first day of the current month, in
mm/dd/yyyy format */
RTRIM(CAST(DATEPART(month, GETDATE()) as char))
+ "/1/"
+ RTRIM(CAST(DATEPART(year, GETDATE()) as char))
```

第二个函数用于将 NULL 值转换为一个有意义的值。在 Microsoft SQL Server 中，该函数被称为 ISNULL。正如第 1 章中提到的，NULL 值是指没有数据的值。NULL 值不等同于空格或 0。比如，假设有一张包含各种食品营养信息的表，如表 4.17 所示。

表 4.17

ItemID	Item	Calories
1	Lowfat Milk	NULL
2	Water	0
3	Fat Free Milk	90
4	Whole Milk	150

注意，Lowfat Milk 在 Calories 列的值为 NULL，这表明还没有提供该项的卡路里数。假设想生成一张包含所有项目的表，当运行下列 SELECT 语句时：

```
SELECT
Item,
Calories
FROM Nutrition
```

将展示如表 4.18 所示的数据。

表 4.18

Item	Calories
Lowfat Milk	NULL
Water	0
Fat Free Milk	90
Whole Milk	150

结果中并没有不准确的地方。然而，用户可能更喜欢看到在缺失值时展示 Unknown 等词，而非 NULL。解决方案如下。

```
SELECT
Item,
ISNULL(CAST(Calories AS VARCHAR),'Unknown') AS 'Calories'
FROM Nutrition
```

以上语句将会展示如表 4.19 所示的数据。

表 4.19

Item	Calories
Lowfat Milk	Unknown
Water	0
Fat Free Milk	90
Whole Milk	150

注意，该方案需要同时使用 ISNULL 和 CAST 函数。当遇到 NULL 值时，ISNULL 函数会将该行的卡路里展示为 Unknown。假设 Calories 列被定义为整数，CAST 函数需要将其转换为 Varchar 数据类型，以便在一列中同时展示整数和字符值。

> **数据库差异：MySQL 和 Oracle**
>
> ISNULL 函数在 MySQL 中被称为 IFNULL 函数。对于本例，在 MySQL 中不需要使用 CAST 函数。上述语句在 MySQL 中的等价语句如下。
>
> ```
> SELECT
> Item,
> IFNULL(Calories,'Unknown') AS 'Calories'
> FROM Nutrition;
> ```
>
> ISNULL 函数在 Oracle 中被称为 NVL（Null Value）函数。上述语句在 Oracle 中的等价语句如下。
>
> ```
> SELECT
> Item,
> NVL(CAST(Calories AS CHAR),'Unknown') AS "Calories"
> FROM Nutrition;
> ```
>
> 此外，与 Microsoft SQL Server 和 MySQL 不同，当遇到 NULL 值时，Oracle 会显示

一个破折号而非 NULL 这个词。

最后,Oracle 提供了三个类似于 CAST 的函数:TO_CHAR、TO_NUMBER 和 TO_DATE。根据你安装的软件情况,这几个函数可能会提供更可靠的结果。

最后简要介绍一个名为 NEWID 的函数。它是一个特殊的系统函数,为查询返回的所有记录生成随机且唯一的标识符。这些标识符的长度为 36 个字符。该函数的格式如下。

```
SELECT NEWID()
```

现在使用以下 SELECT 语句说明该功能。

```
SELECT
*,
NEWID() AS 'Random Value'
FROM Nutrition
```

以上语句将展示如表 4.20 所示的数据。

表 4.20

ItemID	Item	Calories	Random Value
1	Lowfat Milk	NULL	126DACA0-DCB6-4905-9F40-9F1696D193D6
2	Water	0	D05F9A13-30BB-4322-8BDC-C746F58D5A1A
3	Fat Free Milk	2	71EC8F84-4640-48BE-8B6D-EE88BE9676FF
4	Whole Milk	4	F9D68C06-4C38-4C13-AA5B-643564456766

正如你所看到的,NEWID 函数在每一行都创建了一个不同的随机值。这些是真正的随机值,每次执行语句时都会不同。在第 6 章中,我们将在创建随机样本的"延伸"版块中讨论如何使用该函数。

数据库差异: MySQL 和 Oracle

NEWID 函数在 MySQL 中的等效函数是 UUID 函数,在 Oracle 中的等效函数是 SYS_GUID 函数。

4.7　小结

本章描述了各种各样的函数。函数的本质是将一组值转换为另一个值时预定义的规则。电子表格提供了用于处理数据的内置函数,SQL 也提供了类似的功能。除了介绍基本的字符函数、日期/时间函数、数字函数和转换函数,本章还说明了如何用两个或多个函数创建复合函数。

函数数量众多，功能各异，我们不可能详尽地讨论每个函数的细微差别。记住，你可以很容易地从数据库的帮助系统或参考指南中找到函数的使用说明。在线指引将说明每个函数的确切工作方式和正确语法。

第 5 章将脱离 columnlist，讨论如何对数据进行排序这一更有趣的主题。排序非常有用，可以满足用户按某类顺序查看数据的基本愿望。通过排序，我们将思考信息的完整呈现方式，而非个别数据的点和面。

第 5 章
排序数据

关键字：ORDER BY、ASC 和 DESC

对数据进行排序是一项常见且重要的工作。例如，如果把一份很长且杂乱无序的客户名单给分析员，他们可能很难找到任何一个具体客户的信息。但如果这份列表是按照字母顺序排列的，就很容易找到所需的客户信息。

对数据进行排序并非仅代表按照字母顺序排列，很多条件都可以作为排序依据。例如，你可以按照下单日期对订单进行排序，以便迅速定位到某个特定日期和时间所产生的订单。或者你可以按照订单金额从小到大进行排序。无论采用哪种形式，排序都是给最终用户呈现数据的一种有效手段。

5.1 升序排序

到目前为止，我们还没有按特定的顺序返回过数据。当执行一条 SELECT 语句时，你无法预测哪一行会先出现。如果是在软件程序中执行查询，没有人能够立刻看到 SELECT 语句返回的数据，那顺序确实不重要。但当希望将数据立即呈现给用户时，那么行的顺序往往是有意义的。在 SELECT 语句中实现排序很简单，就是通过 ORDER BY 子句。

以下是带有 ORDER BY 子句的 SELECT 语句的一般格式。

```
SELECT columnlist
FROM tablelist
ORDER BY columnlist
```

ORDER BY 子句总是在 FROM 子句之后，而 FROM 子句总是在 SELECT 关键字之后。SELECT 和 ORDER BY 关键字后的斜体 columnlist 表示可以列出任意数量的列。columnlist 中的列可以是单列，也可以是更复杂的表达式。另外，在 SELECT 和 ORDER BY 关键字后指定的列可以是完全不同的。斜体 tablelist 表示可以在 FROM 子句中列出任意数量的表。列出多张表的语法将在第 11 章和第 12 章中介绍。

在下面的排序示例中，将使用表 5.1 所示的 Salespeople 表中的数据。

表 5.1

SalespersonID	FirstName	LastName
1	Iris	Brown
2	Carla	Brown
3	Natalie	Lopez
4	Roberta	King

如果想按照姓氏的字母顺序从 A 到 Z 对数据进行排序，只需要在 SELECT 语句中添加一条 ORDER BY 子句即可。例如：

```
SELECT
FirstName,
LastName
FROM Salespeople
ORDER BY LastName
```

返回的数据如表 5.2 所示。

表 5.2

FirstName	LastName
Iris	Brown
Carla	Brown
Roberta	King
Natalie	Lopez

这里有两个 LastName 为 Brown 的人：Iris 和 Carla，我们无法预测其中哪一行排在前面。这是因为我们只对 LastName 进行了排序，但存在多条 LastName 相同的记录。

同样，执行以下 SELECT 语句：

```
SELECT
FirstName,
LastName
FROM Salespeople
ORDER BY FirstName
```

会返回如表 5.3 所示的数据。

表 5.3

FirstName	LastName
Carla	Brown
Iris	Brown
Natalie	Lopez
Roberta	King

现在的顺序与之前完全不同了，因为当前的排序规则是按照 FirstName 排序而非
LastName。

SQL 提供了一个名为 ASC 的特殊关键字，其含义是升序。这个关键字是可选的，
大多数情况下都没有必要使用，因为所有的排序都是默认升序的。下面一条 SELECT 语
句使用了 ASC 关键字，其返回的数据与之前相同。

```
SELECT
FirstName,
LastName
FROM Salespeople
ORDER BY FirstName ASC
```

实际上，ASC 关键字的主要用途是强调排序方法是升序而非降序这一事实。

5.2 降序排序

ASC 关键字用于实现升序的排序方式,而 DESC 关键字则用于实现降序的排序方式。
例如：

```
SELECT
FirstName,
LastName
FROM Salespeople
ORDER BY FirstName DESC
```

检索得到的数据如表 5.4 所示。

表 5.4

FirstName	LastName
Roberta	King
Natalie	Lopez
Iris	Brown
Carla	Brown

FirstName 现在是按照从 Z 到 A 的顺序排列的。

5.3 根据多列排序

现在我们再回头来看看如何处理有多个 Brown 的问题。当按 LastName 排序时遇到
多个人有相同 LastName 的情况，就必须添加 FirstName 作为第二个排序条件，例如：

```
SELECT
FirstName,
LastName
```

```
FROM Salespeople
ORDER BY LastName, FirstName
```

返回的数据如表 5.5 所示。

表 5.5

FirstName	LastName
Carla	Brown
Iris	Brown
Roberta	King
Natalie	Lopez

由于指定了第二个排序列，现在我们可以确定 Carla Brown 会出现在 Iris Brown 之前。注意，在 ORDER BY 子句中，LastName 必须列在 FirstName 之前。这里给出的顺序很重要，第一项总是代表主排序条件，其他项则分别是第二级、第三级排序条件，以此类推。

5.4　根据计算字段排序

现在我们将运用第 3 章中介绍的计算字段和别名的知识说明排序的更多可能性。下列语句：

```
SELECT
LastName + ', ' + FirstName AS 'Name'
FROM Salespeople
ORDER BY Name
```

返回的数据如表 5.6 所示。

表 5.6

Name
Brown, Carla
Brown, Iris
King, Roberta
Lopez, Natalie

正如你所看到的，这里使用连接创建了一个别名为 Name 的计算字段。这个列的别名可以在 ORDER BY 子句中引用，这正是列别名的又一个用处。另外，还要注意计算字段本身的设计。我们在 LastName 和 FirstName 之间使用一个逗号和一个空格将两者进行分隔，并以一种常见的格式显示姓名。这种格式便于排序，是一种值得记住的好技巧。用户在多数情况下都希望看到以这种方式显示的名字。

在 ORDER BY 中直接使用计算字段而不是用列的别名也是可行的。与前面的例子类似的例子如下所示。

```
SELECT
FirstName,
LastName
FROM Salespeople
ORDER BY LastName + FirstName
```

输出结果如表 5.7 所示。

表 5.7

FirstName	LastName
Carla	Brown
Iris	Brown
Roberta	King
Natalie	Lopez

表 5.7 所示的结果中数据的顺序与前面的例子相同。上述语句与前面例子的唯一区别在于我们在 ORDER BY 子句中指定了一个计算字段，而非列的别名。使用 LastName 作为主要排序条件，FirstName 作为二级排序条件也会得到相同的结果。

5.5　排序序列

在前面的例子中，所有数据都是字符数据，是由字母 A～Z 组成的，不包含数字或特殊字符。此外，也没有考虑字母大小写的问题。

每个数据库都可以由用户选择或自定义排序规则，这些设置可以控制数据的具体排序方式。具体设置因数据库而异，但需遵循三个普遍原则。首先，当数据升序排序时，任何带有 NULL 值的数据都会排在最前面。前面讲过，NULL 值是那些没有数据的数据。在 NULL 值之后，依次是数字和字符。而对于降序排序的数据，字符数据排在最前面，之后依次是数字和 NULL。

数据库差异：Oracle
在 Oracle 中，NULL 值会被排在最后而非最前面。

其次，对于字符数据，通常不区分大小写。最后，对于字符数据，将对组成字符数据的字母从左到右依次排序。比如，对于字母而言，AB 应该排在 AC 之前。让我们看一个使用 TableForSort 表的示例，其数据如表 5.8 所示。

表 5.8

TableID	CharacterData	NumericData
1	23	23
2	5	5
3	Dog	NULL
4	NULL	–6

在这张表中，CharacterData 列被定义为字符列，比如 VARCHAR 类型（一种可变长度的数据类型）。而 NumericData 列被定义为数值列，比如 INT 类型（一种整数数据类型）。没有数据的值会被显示为 NULL。对 TableForSort 表执行以下 SELECT 语句。

```
SELECT
NumericData
FROM TableForSort
ORDER BY NumericData
```

返回的结果如表 5.9 所示。

表 5.9

NumericData
NULL
–6
5
23

注意，NULL 值排在最前面，其后其他值按照数字顺序从小到大排列。如果想将 NULL 值设置为 0，可以使用第 4 章中讨论的 ISNULL 函数，执行以下 SELECT 语句。

```
SELECT
ISNULL(NumericData,0) AS 'NumericData'
FROM TableForSort
ORDER BY ISNULL(NumericData,0)
```

返回的结果如表 5.10 所示。

表 5.10

NumericData
–6
0
5
23

ISNULL 函数将 NULL 值转化为 0，导致排序结果不同。

当然，NULL 值是要显示为 NULL 还是 0 取决于具体情况。如果用户认为 NULL 值意味着 0，那么就显示为 0。而如果用户认为 NULL 值意味着没有数据，那么显示 NULL 这个词更合适。

对于同一张表，执行带有不同 ORDER BY 子句的 SELECT 语句。

```
SELECT
CharacterData
FROM TableForSort
ORDER BY CharacterData
```

返回的结果如表 5.11 所示。

表 5.11

CharacterData
NULL
23
5
Dog

如预期一样，NULL 排在首位，其次是包含数字的值，再次是包含字母的值。注意，23 排在 5 之前，这是因为 23 和 5 是被作为字符而非数字比较的。因为字符数据是从左到右逐个比较，而 2 小于 5，所以 23 排在前面。

5.6　小结

本章首先讨论了按照特定顺序对数据进行排序的基本可能性；然后介绍了如何按多个列进行排序、如何在排序中使用计算字段；最后介绍了排序的一些特殊情况，特别是当数据是 NULL 值或者是字符类型中的数字值时。

在本章的开头提到了排序的一些常规方法。其中最主要的是能够简单地将数据按照易于理解的顺序排序，便于用户快速定位所需的信息。人们通常喜欢按照某种顺序查看数据，而排序可以实现这一目标。排序的另一个用途将在第 6 章说明，第 6 章将介绍 TOP 关键字以及将排序与 TOP 关键字结合的方法，即使用 TOP N 排序。它可以展示在指定的时间段内金额最大的前 5 笔订单的客户信息。

第 6 章将结束对 columnlists 的分析，开始讨论如何筛选数据。对大多数常见的查询而言，在 SELECT 语句中指定查询条件的能力至关重要。在现实世界中，执行一条没有任何查询条件的 SELECT 语句的情况很罕见。第 6 章将会介绍这一重要主题。

第6章
查询条件

关键字：WHERE、TOP、PERCENT、LIKE、SOUNDEX 和 DIFFERENCE

此前，我们所看到的 SELECT 语句总是返回表中的每一行记录。这种情况在实际工作中很少出现，我们通常只想要查询满足某些条件的数据。例如：当选择订单时，你可能只想看到符合某些条件的订单；当查看产品时，你通常只想查看某些类型的产品。很少有人想查看所有内容。你感兴趣的数据通常只是一小部分，希望通过这部分数据查看或分析事物的某一方面。

6.1 应用查询条件

SQL 的查询条件以 WHERE 子句开始。WHERE 关键字用于在全部数据中选择子集。以下是包含 WHERE 子句及其他（已讨论过的）子句在内的 SELECT 语句的一般格式。

```
SELECT columnlist
FROM tablelist
WHERE condition
ORDER BY columnlist
```

正如你所看到的，WHERE 子句必须总是出现在 FROM 子句和 ORDER BY 子句之间。实际上，任何子句都必须按照上述顺序排列。

现在使用 Sales 表进行说明，如表 6.1 所示。

表 6.1

SalesID	FirstName	LastName	QuantityPurchased	PricePerItem
1	Andrew	Li	4	2.50
2	Juliette	Dupont	10	1.25
3	Francine	Baxter	5	4.00

下面从含有一条简单 WHERE 子句的语句开始。

```
SELECT
FirstName,
LastName,
QuantityPurchased
FROM Sales
WHERE LastName = 'Baxter'
```

其输出结果如表 6.2 所示。

表 6.2

FirstName	LastName	QuantityPurchased
Francine	Baxter	5

由于 WHERE 子句规定只选择 LastName 等于"Baxter"的记录，所以只返回了表 6.1 中的一行数据。注意，LastName 列中的期望值是使用引号括起来的，这是因为 LastName 列是字符列。如果是数值字段，则不需要引号。例如，下面这条 SELECT 语句也是有效的，它返回的数据与上面相同。

```
SELECT
FirstName,
LastName,
QuantityPurchased
FROM Sales
WHERE QuantityPurchased = 5
```

6.2　WHERE 子句运算符

在前面的语句中，WHERE 子句使用了等号（=）运算符。等号表示的是对相等性的判断。前面给出的一般格式要求在 WHERE 子句后跟一个条件，该条件由一个运算符及其两侧的表达式组成。

表 6.3 是可以在 WHERE 子句中使用的基本运算符的列表。

表 6.3

WHERE运算符	含义
=	等于
<>	不等于
>	大于
<	小于
>=	大于等于
<=	小于等于

更高级的运算符将在第 7 章中介绍。

等于（=）运算符和不等于（<>）运算符的含义应该是显而易见的。下面是一个含有大于（>）运算符的 WHERE 子句的例子，这里同样使用 Sales 表中的数据进行说明。

```
SELECT
FirstName,
LastName,
QuantityPurchased
FROM Sales
WHERE QuantityPurchased > 6
```

输出结果如表 6.4 所示。

表 6.4

FirstName	LastName	QuantityPurchased
Juliette	Dupont	10

在这个例子中，只有一行数据满足 QuantityPurchased 列大于 6 的条件。另外，虽然不常见，但文本列也可以使用大于运算符。例如：

```
SELECT
FirstName,
LastName
FROM Sales
WHERE LastName > 'C'
```

返回的数据如表 6.5 所示。

表 6.5

FirstName	LastName
Andrew	Li
Juliette	Dupont

因为要求 LastName 大于 C，所以结果中只有 Li 和 Dupont，而不包括 Baxter。大于运算符和小于运算符用于文本字段时，将会按照值的字母顺序进行判断，由于 L 和 D 在字母表中排在 C 之后，所以返回了 Li 和 Dupont。

6.3　限制行

我们有时候可能想选择表中的一小部分行，但并不关心具体返回哪些行。例如，假设有一张包含 50000 行数据的表，而我们只想查看其中几行以了解它的样子。在这种情况下，不应该使用 WHERE 子句，因为我们并不关心返回哪些特定的行。

解决方案是使用一个特殊的关键字指定你想要限制返回多少行数据。数据库之间的 SQL 语法差异在这里再次体现出来。在 Microsoft SQL Server 中，实现这种限制的关键字是 TOP，其一般格式如下。

```
SELECT
TOP number
columnlist
FROM tablelist
```

假设我们想要查看一张表中的前 10 行数据，完成该任务的 SELECT 语句如下所示。

```
SELECT
TOP 10 *
FROM table
```

这条语句返回了表中前 10 行数据的所有列。类似于没有 ORDER BY 子句的 SELECT 语句，我们无法预测会返回哪 10 行，这取决于数据在表中的物理存储方式。

同理，我们可以指定返回的列，语句如下。

```
SELECT
TOP 10
column1,
column2
FROM table
```

TOP 的另一个变体是在 TOP 的基础上使用 PERCENT 关键字。例如，返回 25%的行的一般格式如下。

```
SELECT
TOP 25 PERCENT
column1,
column2
FROM table
```

从本质上讲，TOP 关键字完成了类似 WHERE 子句的任务，因为它返回了指定表中的一小部分记录。不过请记住，从统计学的意义上讲，使用 TOP 关键字返回的行并不是真正的随机样本，它们只是根据数据在数据库中的物理存储方式选择出的符合条件的前几行数据。

数据库差异：MySQL 和 Oracle

MySQL 使用 LIMIT 关键字而非 TOP 关键字。其一般格式如下。

```
SELECT columnlist
FROM tablelist
LIMIT number
```

此外，MySQL 不允许使用 SQL Server 提供的 PERCENT 选项。

Oracle 使用 ROWNUM 关键字而非 TOP 关键字。ROWNUM 关键字必须在 WHERE 子句中指定，语句如下所示。

```
SELECT columnlist
FROM tablelist
WHERE ROWNUM <= number
```

6.4　使用排序限制行数

TOP 关键字的另一个用途是与 ORDER BY 子句结合起来使用，根据指定条件获取具有最高值的指定数量的行。此类数据查询通常称为 TOP N 查询。下面的例子基于 Books 表（见表 6.6）进行讲解。

表 6.6

BookID	Title	Author	CurrentMonthSales
1	Pride and Prejudice	Austen	15
2	Animal Farm	Orwell	7
3	Merchant of Venice	Shakespeare	5
4	Romeo and Juliet	Shakespeare	8
5	Oliver Twist	Dickens	3
6	Candide	Voltaire	9
7	The Scarlet Letter	Hawthorne	12
8	Hamlet	Shakespeare	2

假设我们想要查看当月销量最多的三本书，可以使用以下 SELECT 语句。

```
SELECT
TOP 3
Title AS 'Book Title',
CurrentMonthSales AS 'Quantity Sold'
FROM Books
ORDER BY CurrentMonthSales DESC
```

输出如表 6.7 所示。

表 6.7

Book Title	Quantity Sold
Pride and Prejudice	15
The Scarlet Letter	12
Candide	9

让我们仔细看一下这条语句。第二行的 TOP 3 表示只返回三行数据。这里的主要问题在于，如何确定显示哪三行数据？答案就在 ORDER BY 子句中。如果没有 ORDER BY

子句，SELECT 语句将简单地返回任意三行数据。这并不符合我们的预期，我们想要的是销量最多的三行数据。为此，我们需要让 CurrentMonthSales 列按降序排列。为什么是降序？因为当数据降序排列时，最大的数据会排在最前面。如果按升序排列，那么将会得到销量最少的书，而非最多的书。

在这个基础上再增加一些难度，假设我们只想看 Shakespeare 所著的销量最多的一本书，那么还需要添加一条 WHERE 子句，如下所示。

```
SELECT
TOP 1
Title AS 'Book Title',
CurrentMonthSales AS 'Quantity Sold'
FROM Books
WHERE Author = 'Shakespeare'
ORDER BY CurrentMonthSales DESC
```

输出结果如表 6.8 所示。

表 6.8

Book Title	Quantity Sold
Romeo and Juliet	8

WHERE 子句增加了条件，只查询 Shakespeare 所著的书。此外，我们还将 TOP 关键字改为了 TOP 1，表示我们只想看一行数据。

延伸：随机抽样

正如第 4 章中提到的，NEWID 函数可以用作生成随机样本的工具，这通过将该函数与 TOP 关键字结合起来就可以实现。

为了说明问题，假设我们想在前文提及的 Books 表中创建一个 25% 的随机样本，那么可以通过下列语句实现。

```
SELECT
TOP 25 PERCENT
*
FROM BOOKS
ORDER BY NEWID()
```

该语句将返回 Books 表中 8 条记录中的两条。NEWID 函数用来为每条记录生成一个真实的随机值，ORDER BY 则用于确保按升序选择数据。25 PERCENT 说明只想返回 25% 的行。

6.5 模式匹配

现在介绍一种根据非精确定义数据进行检索的情况。我们经常想根据单词或短语的模糊匹配来查看数据。例如，你可能想要查找名称中包含单词"bank"的公司。通过短语中的不精确匹配来选择数据，通常称为模式匹配。在 SQL 中，WHERE 子句可以使用 LIKE 运算符来查找与列值的某一部分相匹配的数据。LIKE 运算符通常使用特殊的通配符来精确地指定匹配方式。下面的例子将使用 Movies 表（见表 6.9）进行说明。

表 6.9

MovieID	MovieTitle	Rating
1	Love Actually	R
2	My Man Godfrey	Not Rated
3	The Sixth Sense	PG-13
4	Vertigo	PG
5	Everyone Says I Love You	R
6	Shakespeare in Love	R
7	Finding Nemo	G

使用 LIKE 运算符的第一个样例如下所示。

```
SELECT
MovieTitle AS 'Movie'
FROM Movies
WHERE MovieTitle LIKE '%LOVE%'
```

在这个例子中，百分号（%）用作通配符，它是最常用的通配符，表示任意字符，也包括没有字符的情况。LOVE 前面的 % 意味着我们接受 LOVE 前面包含（或没有）任何字符的短语。同样地，LOVE 后面的 % 意味着我们接受 LOVE 后面包含（或没有）任何字符的短语。换言之，我们要查找电影名称中包含 LOVE 这个词的所有影片，SELECT 语句返回的数据如表 6.10 所示。

表 6.10

Movie
Love Actually
Everyone Says I Love You
Shakespeare in Love

从表 6.10 所示的结果可以看出，LOVE 可以作为电影名称的第一个词、最后一个词，也可以出现在中间。

数据库差异：Oracle

不同于 Microsoft SQL Server 和 MySQL，当针对字面量进行匹配时，Oracle 对大小写敏感。在 Oracle 中，LOVE 不等同于 Love。上述语句在 Oracle 中等价于：

```
SELECT
MovieTitle AS Movie
FROM Movies
```

```
WHERE MovieTitle LIKE '%LOVE%';
```

该语句不会返回任何数据，因为没有电影名称包含全大写的 LOVE 这个词。Oracle 中的解决方案是使用 UPPER 函数将数据转换为大写形式后再进行匹配，语句如下所示。

```
SELECT
MovieTitle AS Movie
FROM Movies
WHERE UPPER(MovieTitle) LIKE '%LOVE%';
```

现在，我们想只查找以 LOVE 开头的电影。如果执行下面的 SELECT 语句：

```
SELECT
MovieTitle AS 'Movie'
FROM Movies
WHERE MovieTitle LIKE 'LOVE%'
```

则只会得到如表 6.11 所示的一行数据。

表 6.11

因为我们只在 LOVE 单词后使用了%，所以只会得到以 LOVE 开头的电影。同样，如果执行以下语句：

```
SELECT
MovieTitle AS 'Movie'
FROM Movies
WHERE MovieTitle LIKE '%LOVE'
```

则会得到如表 6.12 所示的一行数据。

表 6.12

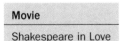

这是因为我们规定了电影名必须以 LOVE 这个词结尾。

可能有人会问，如何查看名称中包含单词 LOVE 的电影，而又不想查看名称中以单词 LOVE 开头或者结尾的电影呢？解决方案如下。

```
SELECT
MovieTitle AS 'Movie'
FROM Movies
WHERE MovieTitle LIKE '% LOVE %'
```

注意，这里在单词 LOVE 和它两侧的 % 之间插入了一个空格。这是为了确保这个单词的两边至少有一个空格。该语句返回如表 6.13 所示的数据。

表 6.13

Movie
Everyone Says I Love You

% 是与 LIKE 运算符搭配使用的最常见的通配符，但也有一些与之搭配的其他通配符，包括下画线（_）、方括号内的字符列表（characterlist），以及在方括号内插入符（^）加上字符列表。

表 6.14 列出了这些通配符及其含义。

表 6.14

通配符	含义
%	任意字符（可以是零个字符）
_	一个字符（可以是任意字符）
[characterlist]	字符列表中的一个字符
[^characterlist]	不在字符列表中的一个其他字符

我们将使用 Actors 表（见表 6.15）来说明使用这些通配符的语句。

表 6.15

ActorID	FirstName	LastName
1	Cary	Grant
2	Mary	Steenburgen
3	Jon	Voight
4	Dustin	Hoffman
5	John	Cusack
6	Gary	Cooper

使用下画线（_）通配符的示例如下。

```
SELECT
FirstName,
LastName
FROM Actors
WHERE FirstName LIKE '_ARY'
```

这条 SELECT 语句返回的数据如表 6.16 所示。

表 6.16

FirstName	LastName
Cary	Grant
Mary	Steenburgen
Gary	Cooper

这条语句检索到了三位演员，因为他们的名字都是一个字符加 ARY 短语。

同样，如果执行以下语句：

```
SELECT
FirstName,
LastName
FROM Actors
WHERE FirstName LIKE 'J_N'
```

则输出如表 6.17 所示。

表 6.17

FirstName	LastName
Jon	Voight

演员 John Cusack 没有被选中，是因为 John 不匹配 J_N 模式。下画线只代表一个字符。

我们最后要讨论的通配符是[characterlist]和[^characterlist]，它们能让你在一个位置指定多个通配符值。

数据库差异：MySQL 和 Oracle

MySQL 和 Oracle 中没有[characterlist]或[^characterlist]通配符。

下列语句说明了如何使用[characterlist]通配符。

```
SELECT
FirstName,
LastName
FROM Actors
WHERE FirstName LIKE '[CM]ARY'
```

这条语句表示检索出 FirstName 中以 C 或 M 开头并以 ARY 结尾的所有行。其结果如表 6.18 所示。

表 6.18

FirstName	LastName
Cary	Grant
Mary	Steenburgen

下面的语句说明了如何使用[^characterlist]通配符。

```
SELECT
FirstName,
LastName
FROM Actors
WHERE FirstName LIKE '[^CM]ARY'
```

这条语句表示检索出 FirstName 中不以 C 或 M 开头并以 ARY 结尾的所有人。其输出结果如表 6.19 所示。

表 6.19

FirstName	LastName
Gary	Cooper

6.6   根据声音匹配

现在从匹配字母和字符转向匹配声音。SQL 提供了两个函数用于比较英语中单词或短语的声音，分别是 SOUNDEX 和 DIFFERENCE。

现在看一个使用 SOUNDEX 函数的例子，语句如下。

```
SELECT
SOUNDEX ('Smith') AS 'Sound of Smith',
SOUNDEX ('Smythe') AS 'Sound of Smythe'
```

输出结果如表 6.20 所示。

表 6.20

Sound of Smith	Sound of Smythe
S530	S530

SOUNDEX 函数总是返回包含四个字符的响应，这是短语的一种声音代码。第一个字符是该短语的首字母。在本例中，第一个字符是 S，因为 Smith 和 Smythe 都以 S 开头。

其余三个字符是短语其他部分的声音，这是通过计算得出的。具体的实现过程是，SOUNDEX 函数先去除所有的元音和字母 Y。因此，smith 中的 mith 被转换为 mth，smythe 中的 mythe 被转换为 mth。然后该函数指定一个数字代表该短语的声音。在本例中，这个数字是 530。

对于 Smith 和 Smythe，由于 SOUNDEX 函数都返回 S530，所以可以得出结论，它们的声音可能相似。

Microsoft SQL Server 提供了一个函数与 SOUNDEX 函数配合工作，其名为 DIFFERENCE。

数据库差异：MySQL 和 Oracle
MySQL 和 Oracle 中没有 DIFFERENCE 函数。

下面这个例子依然是对 Smith 和 Smythe 进行比较，语句如下。

```
SELECT
DIFFERENCE ('Smith', 'Smythe') AS 'The Difference'
```

输出结果如表 6.21 所示。

表 6.21

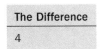

The Difference
4

DIFFERENCE 函数总是需要两个参数。它的具体实现过程是，首先获取每个参数的 SOUNDEX 值，然后比较它们。如果 DIFFERENCE 函数返回的值是 4，就像本例一样，则意味着 SOUNDEX 值中的 4 个字符都是相同的；如果返回的值为 0，则意味着没有任何一个字符是相同的。因此，DIFFERENCE 值为 4 表明匹配度最高，值为 0 表明匹配度最低。

下面这个例子说明了如何使用 DIFFERENCE 函数检索一个与特定短语声音相似的值。尝试查找 Actors 表中名字听起来类似 John 的行，SELECT 语句如下。

```
SELECT
FirstName,
LastName
FROM Actors
WHERE DIFFERENCE (FirstName, 'John') = 4
```

输出结果如表 6.22 所示。

表 6.22

FirstName	LastName
Jon	Voight
John	Cusack

经 DIFFERENCE 函数推断，John 或 Jon 这两个名字与指定值 John 之间的差值都是 4。

如果想分析这两行被选中的确切原因，可以改变 SELECT 语句来显示表中每一行的 SOUNDEX 和 DIFFERENCE 值，语句如下。

```
SELECT
FirstName,
LastName,
DIFFERENCE (FirstName, 'John') AS 'Difference Value',
SOUNDEX (FirstName) AS 'Soundex Value'
FROM Actors
```

输出结果如表 6.23 所示。

表 6.23

FirstName	LastName	Difference Value	Soundex Value
Cary	Grant	2	C600
Mary	Steenburgen	2	M600
Jon	Voight	4	J500
Dustin	Hoffman	1	D235
John	Cusack	4	J500
Gary	Cooper	2	G600

从表 6.23 中可以看到，Jon Voight 和 John Cusack 的 FirstName 的 SOUNDEX 值都是 J500，且 DIFFERENCE 值都是 4。这就解释了为什么它们在上一条语句中都被选中了。

6.7　小结

本章的主题是如何应用查询条件。本章介绍了基本运算符，如等号、大于号。通过指定此类基本的查询条件，大大提升了 SELECT 语句的威力。本章还讨论了如何限制查询中返回的行数。结合 ORDER BY 子句限制行数还可以实现实用的 TOP N 类型的数据查询。

接下来讨论了如何通过指定的模式来匹配单词或短语。模式匹配是 SQL 中一个重要且被广泛使用的功能。当你在搜索框中输入一个单词并试图检索包含这个单词的所有实体时，就会使用模式匹配。在本章的最后还介绍了通过声音进行匹配的方法，这比通过单词进行匹配更罕见。虽然存在这种技术，但由于英语中存在许多怪癖和特殊情况，所以将单词翻译成声音并不容易。

第 7 章将引入几个新的关键字，为 WHERE 子句增加更复杂的逻辑，这会大大增强查询功能。目前，我们可以做到选择所有来自纽约州的客户。但在实际工作中，通常有更多的查询条件。布尔逻辑允许我们制定一个查询，以选择在纽约或加利福尼亚，但不在洛杉矶或阿尔伯克基的客户。

第 7 章
布尔逻辑

关键字：AND、OR、NOT、BETWEEN、IN 和 IS NULL

在第 6 章中，我们介绍了查询条件相关内容，但只介绍了它的最简单形式。现在让我们来继续扩展这个概念，以增强指定的 SELECT 语句返回特定行的能力。这正是纯粹的 SQL 逻辑的用武之地。本章将介绍一些用于创建复杂逻辑表达式的运算符。

具备这些新的能力后，你就可以处理这样的问题了——查询居住地址的邮政编码为从 60601 到 62999 的所有女性客户的列表，但排除 30 岁以下或没有电子邮件地址的人。

7.1 复杂的逻辑条件

第 6 章介绍的 WHREE 子句只用到了最简单的查询条件。我们看到的 WHERE 子句示例如下。

```
WHERE QuantityPurchased = 5
```

这个 WHERE 子句表达了非常基础的查询条件，它仅指定了返回所有 QuantityPurchased 列的值为 5 的记录。在实际工作中，我们往往需要按照复杂得多的条件去选择数据。因此，现在让我们把注意力转向在查询条件中指定一些更复杂的逻辑条件的方法。

设计复杂逻辑条件的能力通常被称为布尔逻辑（Boolean logic）。这个术语源于数学，指的是构造出能计算是真还是假的复杂逻辑。在本例中，对表格的每一行都会评估条件 QuantityPurchased = 5 的真假。显然，我们只想看到结果为真的行。

用于创建复杂布尔逻辑的主要运算符是 AND、OR 和 NOT。这三个运算符可以为 WHERE 子句增加额外的功能。将 AND、OR、NOT 和圆括号恰当组合可以实现一切逻辑表达式。

7.2 AND 运算符

以下示例将会使用 Purchases 表，如表 7.1 所示。

表 7.1

PurchaseID	CustomerName	State	QuantityPurchased	PricePerItem
1	Kim Chiang	IL	4	2.50
2	Sandy Harris	CA	10	1.25
3	James Turban	NY	5	4.00

以下是一个使用 AND 运算符的 WHERE 子句的例子。

```
SELECT
CustomerName,
QuantityPurchased
FROM Purchases
WHERE QuantityPurchased > 3
AND QuantityPurchased < 7
```

AND 子句意味着必须所有条件都为真才能选择该行。这条 SELECT 语句规定，只有那些购买数量大于 3 且小于 7 的记录才能被检索到。因此，这里只返回了如表 7.2 所示的两行数据。

表 7.2

CustomerName	QuantityPurchased
Kim Chiang	4
James Turban	5

注意，没有返回 Sandy Harris 这一行。为什么？Sandy 的购买数量是 10，它确实满足了第一个条件（QuantityPurchased > 3），但没有满足第二个条件（QuantityPurchased < 7），因此结果为假。当使用 AND 运算符时，必须所有的指定条件都为真才会被选择。

7.3 OR 运算符

现在来看看 OR 运算符。AND 运算符意味着必须所有条件都为真，该行才能被选中。OR 运算符意味着只要其中任意一个条件为真，该行就会被选中。

下面这个例子取自同一张表。

```
SELECT
CustomerName,
QuantityPurchased,
```

```
PricePerItem
FROM Purchases
WHERE QuantityPurchased > 8
OR PricePerItem > 3
```

这条 SELECT 语句返回的数据如表 7.3 所示。

表 7.3

CustomerName	QuantityPurchased	PricePerItem
Sandy Harris	10	1.25
James Turban	5	4.00

为什么显示了 Sandy Harris 行和 James Turban 行，而没有 Kim Chiang 行？Sandy Harris 被选中是因为它符合第一个条件（QuantityPurchased > 8）。第二个条件（PricePerItem > 3）无关紧要，因为 OR 运算符表示仅需一个条件为真即可。

同理，选中 James Turban 行是因为该行满足第二个条件（PricePerItem > 3）。没有选中 Kim Chiang 行是因为它不满足这两个条件中的任何一个。

7.4　使用圆括号

假设我们只对来自 Illinois 或者 California 的客户订单感兴趣，且只想看到购买数量大于 8 的订单。想要满足此要求，可以把这些条件都放在以下 SELECT 语句中。

```
SELECT
CustomerName,
State,
QuantityPurchased
FROM Purchases
WHERE State = 'IL'
OR State = 'CA'
AND QuantityPurchased > 8
```

我们预期该语句只会返回一行数据，即 Sandy Harris 的数据。虽然其中有两个客户来自 Illinois 或 California（Chiang 和 Harris），但只有一个（Harris）的购买数量大于 8。然而，执行该语句后所得的结果如表 7.4 所示。

表 7.4

CustomerName	State	QuantityPurchased
Kim Chiang	IL	4
Sandy Harris	CA	10

我们看到了两行数据，而预期是一行数据。哪里出了问题？答案在于 SQL 对这条同时包含 AND 和 OR 运算符的 WHREE 子句的解释方式。同其他计算机语言一样，SQL

有一个预定义的计算顺序,用于指定各种运算符的解释顺序。除非另有声明,SQL 总是会先处理 AND 运算符,再处理 OR 运算符。所以在前面的语句中,首先看到 AND 运算符并评估以下条件:

```
State = 'CA'
AND QuantityPurchased > 8
```

满足该条件的是 Sandy Harris 行。然后 SQL 继续评估 OR 运算符,它允许选中 State 等于 IL 的行,所以将 Kim Chiang 行也增加到了结果中。最终的结果是,SQL 确定 Kim Chiang 行和 Sandy Harris 行都满足条件。

显然,这是不符合预期的。此类问题经常出现在组合使用 AND 运算符和 OR 运算符的 WHERE 子句中。消除这种模糊性的方法是使用圆括号指定计算顺序。圆括号内的任何内容都会被先计算。

在下面这个例子中,我们为上述 SELECT 语句添加了圆括号以纠正问题。

```
SELECT
CustomerName,
State,
QuantityPurchased
FROM Purchases
WHERE (State = 'IL'
OR State = 'CA')
AND QuantityPurchased > 8
```

运行结果如表 7.5 所示。

表 7.5

CustomerName	State	QuantityPurchased
Sandy Harris	CA	10

SELECT 语句中的圆括号强制要求 OR 表达式 (State = 'IL' OR State = 'CA') 先被评估。这样结果就符合我们的预期了。

7.5 使用多组圆括号

假设我们想从 Purchases 表中选择两组不同的记录:第一组是 New York 的客户记录,第二组是位于 Illinois 且购买数量在 3 到 10 之间的客户记录。以下 SELECT 语句可以完成该任务。

```
SELECT
CustomerName,
State,
```

```
QuantityPurchased
FROM Purchases
WHERE State = 'NY'
OR (State = 'IL'
AND (QuantityPurchased >= 3
AND QuantityPurchased <= 10))
```

输出结果如表 7.6 所示。

表 7.6

CustomerName	State	QuantityPurchased
Kim Chiang	IL	4
James Turban	NY	5

注意，这条语句中有两组圆括号，其中一组嵌套在另一组内部。这种圆括号的用法类似于第 4 章介绍的复合函数中括号的用法。当函数中有多组括号时，最内层的括号总是被先执行。在布尔表达式中使用圆括号时也是如此。在本例中，内部括号的内容为：

```
(QuantityPurchased >= 3
AND QuantityPurchased <= 10)
```

在评估完内部括号中的每一行后，执行逻辑向外推导到第二组括号。

```
(State = 'IL'
AND (QuantityPurchased >= 3
AND QuantityPurchased <= 10))
```

最后，该布尔逻辑在 WHERE 子句的最后一行（没有包裹在任何括号中）添加了关于 New York 的说明。

```
WHERE State = 'NY'
OR (State = 'IL'
AND (QuantityPurchased >= 3
AND QuantityPurchased <= 10))
```

实际上，SQL 的执行逻辑是先评估最内部圆括号中的表达式，然后评估外层的圆括号，最后是余下的所有表达式。

7.6 NOT 运算符

除了 AND 运算符和 OR 运算符，NOT 运算符在表达复杂的逻辑条件时也很有用。NOT 运算符的含义是否定 NOT 后面的所有条件或取反。该条件可以是从对单列值的判断到包含括号的复杂表达式的任何内容。下面是一个 NOT 运算符与简单条件联合使用的例子。

```
SELECT
CustomerName,
State,
QuantityPurchased
FROM Purchases
WHERE NOT State = 'NY'
```

其输出结果如表 7.7 所示。

表 7.7

CustomerName	State	QuantityPurchased
Kim Chiang	IL	4
Sandy Harris	CA	10

这条语句指定选择所有 State 不等于 NY 的行。在这个简单的例子中，NOT 运算符并不是必需的。以下语句与上述语句等价。

```
SELECT
CustomerName,
State,
QuantityPurchased
FROM Purchases
WHERE State <> 'NY'
```

在这种情况下，不等于（<>）运算符完成了与 NOT 运算符相同的事情。关于 NOT 运算符一个更复杂的示例如下。

```
SELECT
CustomerName,
State,
QuantityPurchased
FROM Purchases
WHERE NOT (State = 'IL'
OR State = 'NY')
```

输出结果如表 7.8 所示。

表 7.8

CustomerName	State	QuantityPurchased
Sandy Harris	CA	10

当 NOT 运算符用在圆括号之前时，将会否定圆括号中的全部内容。在这个例子中，我们查找的是不是 Illinois 或 New York 的所有数据。

再次强调，NOT 运算符并不是完成该任务的唯一选项。上述查询语句的逻辑可以用以下等效语句实现。

```
SELECT
CustomerName,
State,
QuantityPurchased
FROM Purchases
WHERE State <> 'IL'
AND State <> 'NY'
```

可能需要花点时间才能理解为什么这两条语句是等价的。第一条语句使用了 NOT 运算符和一个带有 OR 运算符的逻辑表达式。第二条语句则转换为带有 AND 运算符的逻辑表达式。

我们再给出在复杂语句中使用 NOT 运算符的最后一个例子，语句如下。

```
SELECT
CustomerName,
State,
QuantityPurchased
FROM Purchases
WHERE NOT (State = 'IL'
AND QuantityPurchased >= 4)
```

该语句用于查询不满足"State 等于 Illinois 且购买数量大于等于 4"这个条件的客户。NOT 运算符应用于"State 等于 Illinois 且购买数量大于等于 4"的这一整个逻辑表达式。输出结果如表 7.9 所示。

表 7.9

CustomerName	State	QuantityPurchased
Sandy Harris	CA	10
James Turban	NY	5

之所以选中这两行，是因为 State 等于 Illinois 且购买数量大于等于 4 的客户只有 Kim Chiang，由于对整个逻辑应用了 NOT 运算符，所以最终结果显示的是另两位客户。

与上一个问题一样，我们再次给出不使用 NOT 运算符完成同样查询的另外一种表达方式，语句如下。

```
SELECT
CustomerName,
State,
QuantityPurchased
FROM Purchases
WHERE State <> 'IL'
OR QuantityPurchased < 4
```

从这些示例中可以看出，在带有诸如等号（=）或小于号（<）等算术运算符的复

杂表达式中使用 NOT 运算符在逻辑上可能不是必需的。然而，将 NOT 运算符直接放在逻辑表达式前面求反，要比试图将该表达式转换为不含 NOT 运算符的表达式更加直观。换言之，NOT 运算符提供了一种方便、有用的方式来表达逻辑思维。

7.7　BETWEEN 运算符

现在我们来看两个特殊的运算符：BETWEEN 和 IN，它们可以简化那些通常需要使用 OR 运算符或 AND 运算符的表达式。通过 BETWEEN 运算符可以将带有大于等于（>=）和小于等于（<=）运算符的 AND 表达式改写为仅有单个运算符的语句。

例如，我们想要选择购买数量在 5 到 20 之间的所有行。实现该目标的一种方法是使用以下 SELECT 语句。

```
SELECT
CustomerName,
QuantityPurchased
FROM Purchases
WHERE QuantityPurchased >= 5
AND QuantityPurchased <= 20
```

使用 BETWEEN 运算符的等价语句如下。

```
SELECT
CustomerName,
QuantityPurchased
FROM Purchases
WHERE QuantityPurchased BETWEEN 5 AND 20
```

以上两条 SELECT 语句都会返回如表 7.10 所示的数据。

表 7.10

CustomerName	QuantityPurchased
Sandy Harris	10
James Turban	5

使用 BETWEEN 运算符时总是需要在两个数字之间放一个 AND 运算符。

BETWEEN 运算符的功能相对简单。另外还要注意，BETWEEN 会包含指定的两个边界数字。在本例中，BETWEEN 5 AND 20 包括了 5 和 20 这两个数字。因此，BETWEEN 相当于大于等于（>=）和小于等于（<=）运算符的组合。它不能用来表达只是大于（>）或小于（<）某个数字范围的内容。James Turban 行被选中的原因是购买数量等于 5，满足在 5 到 20 之间这个条件。

NOT 运算符可以跟 BETWEEN 运算符一起使用，如下面这条 SELECT 语句所示。

```
SELECT
CustomerName,
QuantityPurchased
FROM Purchases
WHERE QuantityPurchased NOT BETWEEN 5 AND 20
```

检索到的数据如表 7.11 所示。

表 7.11

CustomerName	QuantityPurchased
Kim Chiang	4

7.8　IN 运算符

正如 BETWEEN 运算符代表的是 AND 运算符的一种特例一样，IN 运算符也是 OR 运算符的一种特例。当我们想要查看 State 是 Illinois 或 New York 的行时，在没有 IN 运算符的情况下，我们可以使用以下语句。

```
SELECT
CustomerName,
State
FROM Purchases
WHERE State = 'IL'
OR State = 'NY'
```

使用 IN 运算符的等价语句如下所示。

```
SELECT
CustomerName,
State
FROM Purchases
WHERE State IN ('IL', 'NY')
```

这两条语句检索到的数据相同，如表 7.12 所示。

表 7.12

CustomerName	State
Kim Chiang	IL
James Turban	NY

使用 IN 运算符时，要求在其后跟随一个用圆括号括起来的值的列表，其中的值使用逗号分隔。

在本例中，IN 运算符作用可能不太明显，因为这里只列出了两个 State。但 IN 运算符也可以在涉及几十个特定值的时候轻松使用。这就大大减少了使用这类语句所需要的输入量。IN 运算符另一个方便的用途是获取 Excel 表格中的值。为了从电子表格的相邻单元格中获取多个数值,并将它们应用到 SQL 语句中,懂行的 Excel 用户会将这些数值复制到以逗号作为分隔符的 CSV(comma separated values)文件中。然后再将这些值粘贴到 IN 运算符后面的圆括号中。

与 BETWEEN 运算符一样,IN 运算符也可以与 NOT 运算符一起使用,语句如下。

```
SELECT
CustomerName,
State
FROM Purchases
WHERE State NOT IN ('IL', 'NY')
```

检索到的数据如表 7.13 所示。

表 7.13

CustomerName	State
Sandy Harris	CA

关于 IN 运算符还有最后一点说明。除了刚才讨论的语法,还有一种与之差异很大的语法。在这种语法中,整个 SELECT 语句被限定在圆括号内,这样就可以在需要时以逻辑方式创建值列表,这种方式称为子查询(subquery),对此将在第 14 章中进行详细说明。

7.9　布尔逻辑和 NULL 值

本章开头介绍过,使用 SQL 中的布尔逻辑计算复杂的表达式时,得到的结果非真即假。其实这个说法并不完全准确。在判断 WHERE 子句中的条件时,实际上有三种可能:真、假和未知。之所以存在未知这种可能性,是因为 SQL 数据库中的列有时允许存在 NULL 值。我们曾在第 1 章介绍过 NULL 值,它指的是没有数据的值。

SQL 提供了一个特殊的关键字用于判断 WHERE 子句中指定的列是否为 NULL,它就是 IS NULL。其与第 4 章中介绍过的 ISNULL 函数的作用相似。现在来看一个例子,该示例的数据取自 Products 表,如表 7.14 所示。

表 7.14

ProductID	Description	Inventory
1	Printer A	NULL
2	Printer B	0
3	Monitor C	7
4	Laptop D	11

表 7.14 展示了每个产品目前库存的单位数量。在本例中，我们可以假设当新行被添加到 Products 表时，新行没有被初始地赋予 Inventory 值。因此，在有人统计并输入物品的库存前，Inventory 列就一直显示为 NULL。在本例中，可以看到 Monitor C 和 Laptop D 的库存为正值，而 Printer B 的库存为 0，Printer A 的库存不确定。

假设我们试图用以下 SELECT 语句查询没有库存的产品。

```
SELECT
Description,
Inventory
FROM Products
WHERE Inventory = 0
```

返回的结果如表 7.15 所示。

表 7.15

Description	Inventory
Printer B	0

这并不是我们想要的结果。虽然该语句正确地检索出了 Printer B（因为它的库存为 0），但是，我们也希望能看到 Printer A，因为它的库存不确定。为了修正这个问题，我们需要使用以下语句。

```
SELECT
Description,
Inventory
FROM Products
WHERE Inventory = 0
OR Inventory IS NULL
```

返回的结果如表 7.16 所示。

表 7.16

Description	Inventory
Printer A	NULL
Printer B	0

现在我们看到了 Printer A 和 Printer B。注意，也可以使用 IS NOT NULL 表示对关键字 IS NULL 取反，这样就可以检索那些指定列不是 NULL 的行。注意，第 4 章中讨论的 ISNULL 函数可以作为关键字 IS NULL 的一种替代方法。将上述 SELECT 语句使用 ISNULL 函数改写的等价语句如下。

```
SELECT
Description,
Inventory
```

```
FROM Products
WHERE ISNULL(Inventory, 0) = 0
```

这条 SELECT 语句检索到了两行数据。ISNULL 函数将 Inventory 列中所有数值为 NULL 的值转换为了 0，这会产生与前面一条语句（测试值为 0 或 NULL）相同的结果。

7.10　小结

本章首先介绍了如何创建复杂的查询逻辑表达式这一重要主题。其中用到的基本布尔运算符有 AND、OR 和 NOT。然后讨论了 BETWEEN 运算符和 IN 运算符，在某些情况下可以使用它们替代 AND 运算符和 OR 运算符，使表述更为简洁。最后讨论了在查询数据时如何处理 NULL 值。

第 8 章将重新审视 columnlist，并探讨一个重要的结构，该结构可以将逻辑注入 columnlist 的各列中，该结构被称为条件逻辑（conditional logic）。通过使用本章介绍的布尔逻辑运算符及一些关键字，我们就能够指定 columnlist 中各列的显示逻辑。

第 8 章
条件逻辑

关键字：CASE、WHEN、THEN、ELSE 和 END

本章的重点是条件逻辑（conditional logic）。该术语是指对出现在 columnlist 中具体列的值或 SQL 语句中其他表达式的值添加逻辑的能力。执行 SQL 语句时，根据逻辑的计算方式，一个列可以呈现不同的值。具体来说，条件逻辑使用以关键字 CASE 开头的表达式来表示，该表达式通常称为 CASE 表达式。本质上，在将 CASE 表达式应用于特定的列或数据时，我们可以根据逻辑条件来改变想要呈现给用户的输出。单词 CASE 的大小写不敏感，它表示以有条件的方式指定一种特定的情况或一组逻辑。

作为一名初级 SQL 开发人员，你应该明白 CASE 表达式是一个相对高级的概念。不使用 CASE 表达式一样可以写出很多非常有用的查询。然而，一旦理解和使用了条件逻辑，便可以帮助你将初级查询转换为更高级的东西。因此，在你通读完本书后，这可能是一个值得你再次回顾的主题，那时候你可以再想想结合条件逻辑能完成哪些任务。

8.1 CASE 表达式

SQL 中的 CASE 表达式可以对 columnlist 中的单个元素或表达式应用逻辑。如第 2 章所述，SELECT 语句的完整格式如下。

```
SELECT columnlist
FROM tablelist
WHERE condition
GROUP BY columnlist
HAVING condition
ORDER BY columnlist
```

CASE 表达式可以出现在 SELECT 语句中的很多地方。它可以出现在紧随 SELECT 关键字的 columnlist 中，也可以出现在 GROUP BY 子句或 ORDER BY 子句中。还可以作为 WHERE 子句或者 HAVING 子句条件中的一个元素出现。本章首先介绍其在 SELECT

语句的 columnlist 中的用法，这是它最典型的用途。然后展示如何在 WHERE 子句和 ORDER BY 子句中使用它。

CASE 表达式可以替换 columnlist 中的任意单独一列，也可以替换 WHERE 子句或 HAVING 子句条件中引用的表达式。下面重点关注它在 columnlist 中的使用，一条包括列和 CASE 表达式的 SELECT 语句如下所示。

```
SELECT
column1,
column2,
CaseExpression
FROM table
```

CASE 表达式中嵌入了传统的 IF-THEN-ELSE 结构的逻辑。IF-THEN-ELSE 是面向过程编程语言所采用的一种常用的逻辑结构。通常，该类型的逻辑如下所示。

```
IF some condition is true
THEN do this
ELSE do that
```

IF-THEN-ELSE 中的条件包括我们在第 7 章中讨论的全部布尔逻辑。也就是说，表达式中可以包括 AND、OR、NOT、BETWEEN 和 IN 运算符以及圆括号。

8.2　CASE 表达式的简单格式

CASE 表达式有两种基本的格式，一般称为简单格式和搜索格式。简单格式如下所示。

```
CASE ColumnOrExpression
WHEN value1 THEN result1
WHEN value2 THEN result2
[repeat WHEN-THEN any number of times]
[ELSE DefaultResult]
END
```

正如你所看到的，CASE 表达式除了使用关键字 CASE，还使用了其他关键字，即 WHEN、THEN、ELSE 和 END。使用这些关键字可以完整地定义 CASE 表达式的逻辑。关键字 WHEN 和 THEN 定义了计算的条件。如果 WHEN 后面的值为真，那么就会使用 THEN 后面的结果。关键字 WHEN 和 THEN 可以重复任意次。对于每一个 WHEN，都必须有一个对应的 THEN。关键字 ELSE 用来定义默认值，当没有 WHEN-THEN 条件为真时，就使用该默认值。方括号表示关键字 ELSE 并不是必需的。然而，在每个 CASE 表达式中都使用关键字 ELSE 来明确地说明默认值通常是一种好方法。关键字 END 终结了 CASE 表达式。

我们来看一个具体的示例，它使用了 Groceries 表，如表 8.1 所示。

表 8.1

GroceryID	CategoryCode	Description
1	F	Apple
2	F	Orange
3	S	Mustard
4	V	Carrot
5	B	Water

在表 8.1 中，CategoryCode 列中各元素的含义分别为：F 表示 Fruit，S 表示 Spice，V 表示 Vegetable，B 表示 Beverage。一条使用该表数据、带有 CASE 表达式的 SELECT 语句如下所示。

```
SELECT
CASE CategoryCode
WHEN 'F' THEN 'Fruit'
WHEN 'V' THEN 'Vegetable'
ELSE 'Other'
END AS 'Category',
Item
FROM Groceries
```

产生的结果如表 8.2 所示。

表 8.2

Category	Item
Fruit	Apple
Fruit	Orange
Other	Mustard
Vegetable	Carrot
Other	Water

现在来仔细检查一下这条 SELECT 语句的内容。第 1 行是关键字 SELECT。第 2 行使用关键字 CASE 指定分析 CategoryCode 列。第 3 行引入了第 1 个 WHEN-THEN 条件。这一行表示，如果 CategoryCode 列的值等于 F，那么该值应该显示为"Fruit"。下一行则指出，如果 CategoryCode 列的值 V，那么应该显示为"Vegetable"。ELSE 行提供了默认值"Other"，如果 CategoryCode 列的值不等于 F 或 V，那么就显示为"Other"。换言之，如果类别不是 Fruit 或者 Vegetable，那么可以将其显示为"Other"。END 行终结了 CASE 语句，它还包含一个关键字 AS，此关键字为这个 CASE 表达式提供了列别名。下一行 Item 是 SELECT 语句中 columnlist 的另一项，不属于 CASE 表达式。

正如我们所看到的，CASE 表达式的一大用处是把隐晦的值翻译成有意义的描述。在本例中，Groceries 表中的 CategoryCode 列只包含一个表示产品类型的单字符代码。CASE 表达式能将其变成可读的描述。

8.3 CASE 表达式的搜索格式

CASE 表达式的搜索格式如下所示。

```
CASE
WHEN condition1 THEN result1
WHEN condition2 THEN result2
[repeat WHEN-THEN any number of times]
[ELSE DefaultResult]
END
```

前面的 SELECT 语句的等价语句如下。

```
SELECT
CASE
WHEN CategoryCode = 'F' THEN 'Fruit'
WHEN CategoryCode = 'V' THEN 'Vegetable'
ELSE 'Other'
END AS 'Category',
Item
FROM Groceries
```

该语句返回的数据与 CASE 表达式的简单格式返回的数据相同。但请注意这两种格式的写法存在细微差别。在简单格式中，待计算的列名放在关键字 CASE 之后，WHEN 后面的表达式是一个简单的字面量。而在搜索格式中，待计算的列名没有放在关键字 CASE 之后，关键字 WHEN 后面可以放置一个更复杂的条件表达式。

对于前面的例子，选用上述任意一种格式的 CASE 子句，都会得到相同的结果。我们再来看一个例子，在这个例子中，只有使用 CASE 表达式的搜索格式才能产生预期的结果。该例子采用如表 8.3 所示的数据。

表 8.3

GroceryID	Fruit	Vegetable	Spice	Beverage	Description
1	X				Apple
2	X				Orange
3			X		Mustard
4		X			Carrot
5				X	Water

表 8.3 中没有单一的 CategoryCode 列，而是通过多个列来表示产品类型。例如，Fruit 列中的值 X 用来表示产品是 Fruit。因此，无法使用 CASE 表达式的简单格式来计算产品类型，简单格式只能用来分析单列。使用搜索格式的 CASE 表达式可以处理此种数据，语句如下。

```
SELECT
CASE
WHEN Fruit = 'X' THEN 'Fruit'
WHEN Vegetable = 'X' THEN 'Vegetable'
ELSE 'Other'
END AS 'Category',
Item
FROM GroceryCategories
```

结果与前面的例子相同，如表 8.4 所示。

表 8.4

Category	Item
Fruit	Apple
Fruit	Orange
Other	Mustard
Vegetable	Carrot
Other	Water

从本质上讲，CASE 表达式的搜索格式可以计算多列数据以得到一个单一的结果。

延伸：除以 0

CASE 表达式一个有用的例子是处理除以 0 的情况。当编写一个有可能除以 0 的计算公式时，必须特别注意除数不能为 0。同所有计算机语言一样，SQL 尝试除以 0 时会产生错误。使用 CASE 表达式可以避免产生错误，比如在下面这个示例中：

```
SELECT
CASE
WHEN Denominator = 0 THEN 0
ELSE Numerator / Denominator
END
FROM table
```

我们要测试分母是否等于 0。如果等于 0，计算结果就会被设置为 0，否则进行正常的运算。这样，我们在分母的值为 0 时就避开了"divide by zero"的错误。

8.4 ORDER BY 子句中的条件逻辑

正如本章开头提到的，CASE 表达式可以在 SELECT 语句的很多地方使用。为了说明如何在 ORDER BY 子句中使用该表达式，假设有一张表包含美国和加拿大的城市。在这个例子中，美国的州和加拿大的省都有单独的一列，这些数据的呈现方式如表 8.5 所示。

表 8.5

CityID	Country	State	Province	City
1	US	VT		Burlington
2	CA		QU	Montreal
3	US	AZ		Tucson
4	US	AZ		Phoenix
5	CA		AB	Edmonton

本例的目标是先按照 Country 排序，再按照 State 或者 Province 排序，最后按照 City 排序。通过以下语句可以完成该任务。

```
SELECT *
FROM NorthAmerica
ORDER BY
Country,
CASE Country
WHEN 'US' THEN State
WHEN 'CA' THEN Province
ELSE State
END,
City
```

该语句的输出如表 8.6 所示。

表 8.6

CityID	Country	State	Province	City
5	CA		AB	Edmonton
2	CA		QU	Montreal
4	US	AZ		Phoenix
3	US	AZ		Tucson
1	US	VT		Burlington

CASE 表达式根据 Country 列来判断该行数据是属于美国的还是加拿大的。如果是美国的数据，则使用 State 列排序；如果是加拿大的数据，则使用 Province 列排序。最终的排序结果是先按照国家排序，再按照州或省排序，最后按城市排序。

8.5　WHERE 子句中的条件逻辑

正如 CASE 表达式可以放在列中一样，也可以把 CASE 表达式放在 WHERE 条件的表达式中。接下来的例子采用表 8.7 中的客户数据。

表 8.7

CustomerID	Gender	Age	Income
1	M	55	80000
2	F	25	65000
3	M	35	40000
4	F	42	90000
5	F	27	25000

本例的目标是选择满足复杂的人口统计和收入要求的客户。如果是男性且在 50 岁以上，那么他们必须有 75000 元以上的收入。如果是女性且在 35 岁以上，那么她们必须有 60000 元以上的收入。其他人必须有 50000 元以上的收入。下面是一条通过 CASE 语句指定该条件的 SELECT 语句。

```
SELECT *
FROM CustomerList
WHERE Income >
CASE
WHEN Gender = 'M' AND Age >= 50 THEN 75000
WHEN Gender = 'F' AND Age >= 35 THEN 60000
ELSE 50000
END
```

注意，整个 CASE 表达式只是替换了 WHERE 子句中表示条件的那部分。本例中 WHERE 子句的一般形式如下。

```
WHERE Income > CASE_Expression
```

在条件逻辑中，CASE 表达式提供的值将会与 Income 值进行比较。该语句检索到的结果如表 8.8 所示。

表 8.8

CustomerID	Gender	Age	Income
1	M	55	80000
2	F	25	65000
4	F	42	90000

8.6 小结

CASE 表达式是一个强大的工具，它允许我们把逻辑注入 SQL 语句的各个元素中。本章介绍了 CASE 表达式在 SELECT columnlist、ORDER BY 子句以及 WHERE 子句中的应用。在后续章节中，还会介绍 CASE 表达式在其他地方的应用，比如 GROUP BY 子句和 HAVING 子句中。

CASE 表达式有两种基本格式：简单格式和搜索格式。简单格式的典型用法是为具有隐含值的数据项提供翻译。搜索格式则允许带有更复杂的逻辑语句。

第 9 章要将注意力转移到如何把数据分成若干组上，并且我们会使用各种统计方法对每组数据进行汇总。在第 4 章中，我们介绍过标量函数。第 9 章将介绍另一种类型的函数，我们称之为聚合函数。聚合函数允许我们以许多有用的方式来汇总数据。例如，我们能查看任意一组订单，确定这组订单的数量、总金额以及平均订单大小。使用这些技术将让我们超越具体数据的展示，在提供汇总信息时真正地为用户增加价值。

第 9 章
汇总数据

关键字: DISTINCT、SUM、AVG、MIN、MAX、COUNT、GROUP BY、HAVING、ROW_NUMBER、OVER、RANK、DENSE_RANK、NTILE、PARTITION BY、PERCENT_RANK、PERCENTILE_CONT、WITHIN GROUP 和 LAG

到目前为止,我们用到的所有计算、函数和 CASE 表达式都只改变了单列的值。更重要的是,我们所检索的行与底层数据库中表的行是相对应的。接下来看看合并多行汇总数据的方法。

在计算机术语中,通常把这种类型的工作称为聚合(aggregation),它表示"汇合成组"。聚合和汇总数据的能力是从单纯地展示数据到挖掘有意义的信息的关键。用户查看报表中的汇总数据时会感受到 SQL 的魔力。汇总使得我们能够从数据库的大量数据中提取有价值的信息,并对数据的含义有更清晰的认识。

9.1 消除重复

尽管消除重复不是真正的聚合,但它是总结数据的最基本方法。SQL 的关键字 DISTINCT 提供了一种消除输出中重复值的简单方法。以下是一个带有关键字 DISTINCT 的示例,它使用了 Songs 表,如表 9.1 所示。

表 9.1

SongID	Artist	Album	Title
1	The Beatles	Let It Be	Across the Universe
2	The Beatles	Let It Be	Get Back
3	The Beatles	Abbey Road	Here Comes the Sun
4	Stevie Wonder	Innervisions	Living for the City
5	Stevie Wonder	Songs in the Key of Life	Isn't She Lovely
6	Paul McCartney	Band on the Run	Let Me Roll It

假设我们想获取表 9.1 中所有艺术家的名单，那么可以通过以下语句完成。

```
SELECT
DISTINCT
Artist
FROM Songs
ORDER BY Artist
```

输出结果如表 9.2 所示。

表 9.2

Artist
Paul McCartney
Stevie Wonder
The Beatles

关键字 DISTINCT 总是紧跟在关键字 SELECT 之后。关键字 DISTINCT 指定只返回后面列的唯一值。在本例中，有三位艺术家，所以有三行数据。如果想看艺术家和专辑的唯一组合，则可以执行以下语句。

```
SELECT
DISTINCT
Artist,
Album
FROM Songs
ORDER BY Artist, Album
```

输出结果如表 9.3 所示。

表 9.3

Artist	Album
Paul McCartney	Band on the Run
Stevie Wonder	Innervisions
Stevie Wonder	Songs in the Key of Life
The Beatles	Abbey Road
The Beatles	Let It Be

注意，尽管表 9.1 中有两首来自 Let It Be 专辑的歌曲，但结果中只展示了一次该专辑。这是因为关键字 DISTINCT 指定只返回选中列的唯一值。

9.2　聚合函数

在第 4 章中讨论的函数都是标量函数，它们都是用于处理单个数字或值的。与之不同的是，聚合函数是用来处理数据组的。最常用的聚合函数是 COUNT、SUM、AVG、MIN 和 MAX。这些函数为数据组提供计数、求和、求平均值、求最小值和求最大值的功能。

我们将使用以下学生费用表（Fees 表）和成绩表（Grades 表）来讲解聚合函数的示例。Fees 表如表 9.4 所示。

表 9.4

FeeID	Student	FeeType	Fee
1	Jose	Gym	30
2	Jose	Lunch	10
3	Jose	Trip	8
4	Rama	Gym	30
5	Julie	Lunch	10

Grades 表如表 9.5 所示。

表 9.5

GradeID	Student	GradeType	Grade	YearInSchool
1	Isabella	Quiz	92	7
2	Isabella	Quiz	95	7
3	Isabella	Homework	84	7
4	Hailey	Quiz	62	8
5	Hailey	Quiz	81	8
6	Hailey	Homework	NULL	8
7	Peter	Quiz	58	7
8	Peter	Quiz	74	7
9	Peter	Homework	88	7

现在先介绍 SUM 函数。假设我们想看到所有学生支付的体育馆费用的金额，那么可以通过以下语句实现。

```
SELECT
SUM(Fee) AS 'Total Gym Fees'
FROM Fees
WHERE FeeType = 'Gym'
```

输出结果如表 9.6 所示。

表 9.6

Total Gym Fees
60

正如你所看到的，SUM 函数将对基于 WHERE 子句指定的查询条件检索所有数据的 Fee 列，并进行总数求和。因为聚合函数是 columnlist 中唯一的表达式，所以查询只返回

带有聚合金额的数据。

　　AVG、MIN、MAX 函数与 SUM 函数类似。以下是一个 AVG 函数的示例，我们通过它获取 Grades 表中所有测试的平均成绩。

```
SELECT
AVG(Grade) AS 'Average Quiz Score'
FROM Grades
WHERE GradeType = 'Quiz'
```

输出结果如表 9.7 所示。

表 9.7

Average Quiz Score
77

　　一条语句中可以使用不止一个聚合函数。以下是一个在同一条 SELECT 语句中同时使用 AVG、MIN、MAX 函数的示例。

```
SELECT
AVG(Grade) AS 'Average Quiz Score',
MIN(Grade) AS 'Minimum Quiz Score',
MAX(Grade) AS 'Maximum Quiz Score'
FROM Grades
WHERE GradeType = 'Quiz'
```

输出结果如表 9.8 所示。

表 9.8

Average Quiz Score	Minimum Quiz Score	Maximum Quiz Score
77	58	95

9.3　COUNT 函数

　　COUNT 函数比之前提到的聚合函数要复杂一些，因为它有三种不同的使用方法。第一种用法，COUNT 函数可以用来返回选中的行的数量，无须考虑任何特定列的值。下面是一个返回所有家庭作业（Homework）的行数目的示例。

```
SELECT
COUNT(*) AS 'Count of Homework Rows'
FROM Grades
WHERE GradeType = 'Homework'
```

输出结果如表 9.9 所示。

表 9.9

Count of Homework Rows
3

在示例语句中，圆括号内的星号表示"所有列"。在后台，SQL 先检索选中行的所有列的数据，然后返回行数。

COUNT 函数的第二种用法是在括号中指定一个特定的列，示例如下。

```
SELECT
COUNT(Grade) AS 'Count of Homework Scores'
FROM Grades
WHERE GradeType = 'Homework'
```

输出结果如表 9.10 所示。

表 9.10

Count of Homework Scores
2

注意前面两条 SELECT 语句之间的细微差别。在第一条语句中，我们只是计算了 GradeType 等于 Homework 的行数，一共有 3 行。在第二条语句中，我们计算了 GradeType 为 Homework 的数据中 Grade 列出现的次数。在当前数据中，3 行数据中有一行在 Grade 列中的值是 NULL，SQL 很聪明地忽略了这种记录。如前所述，NULL 意味着数据并不存在。

COUNT 函数的第三种用法是将关键字 DISTINCT 与列名结合使用，示例如下。

```
SELECT
COUNT(DISTINCT FeeType) AS 'Number of Fee Types'
FROM Fees
```

注意，关键字 DISTINCT 在圆括号内。关键字 DISTINCT 表示我们只想要计算 FeeType 列的不同值。外部 COUNT 函数用于对这些值进行计数。该语句的输出结果如表 9.11 所示。

表 9.11

Number of Fee Types
3

这意味着 FeeType 中一共有 3 个不同的值。

9.4　将数据分组

前面有关聚合数据的例子很有趣，但实用性不强。在介绍完数据分组的概念后，聚合函数的"威力"才会真正展现出来。

关键字 GROUP BY 用于将 SELECT 语句返回的数据分成任意组。例如，在查看 Grades 表时，我们可能对不同类型的成绩分析感兴趣。换言之，我们想把数据分成两个独立的组：测验和家庭作业。GradeType 列的值可以用来确定每一行所属的组。数据分组后就可以使用聚合函数了，并且可以进一步计算和比较每个组的汇总数据。

以下是一个介绍关键字 GROUP BY 的示例。

```
SELECT
GradeType AS 'Grade Type',
AVG(Grade) AS 'Average Grade'
FROM Grades
GROUP BY GradeType
ORDER BY GradeType
```

该语句返回的结果如表 9.12 所示。

表 9.12

Grade Type	Average Grade
Homework	86
Quiz	77

在本例中，关键字 GROUP BY 指定了根据 GradeType 列的值分组。SELECT columnlist 中的两列分别是 GradeType 和一个使用了 AVG 函数的计算字段。注意，在 columnlist 中包含了 GradeType 列，创建分组时，将用于分组的列包含在内通常是一种好方法。计算字段"Average Grade"对每个组的所有行进行聚合。

从表 9.12 中可以看到，作业成绩的平均分为 86。与前面一样，SQL 很聪明，有一行 Homework 的 GradeType 列为 NULL 值，因此 SQL 在计算平均值时很聪明地将其忽略了。如果我们想把该 NULL 值计算为 0，则可以通过 ISNULL 函数进行转换，语句如下所示。

```
AVG(ISNULL(Grade, 0)) AS 'Average Grade'
```

延伸：频率分布

对于数值数据，分析师的一个常见任务是汇总和重排数据以创建频率分布。简单来说，频率分布是对单列进行分析，返回列中每个值出现的行数。结合 COUNT 函数及 GROUP BY 子句和 ORDER BY 子句很容易实现频率分布。下列语句可以用来确定一个名为 ColumnName 的列的众数（出现频率最高的值）。

```
SELECT
ColumnName
COUNT(*) AS Occurrences
FROM table
GROUP BY ColumnName
ORDER BY ColumnName
```

在这个通用方案中，ColumnName 列给出了数据集中该列的所有唯一值。Occurrences 列用于说明该值出现的次数。由于存在 ORDER BY 子句，因此返回的结果将按照 ColumnName 列的唯一值升序排列。

获得频率分布之后，我们就可以创建一个频率分布的可视化表示了，该可视化表示称为直方图。这一主题将在第 20 章中讨论。

延伸：众数

衡量一个数据集的集中趋势的三种主要方式分别是通过平均数、众数和中位数实现的。AVG 函数用于计算平均数（也称平均值）。中位数将在本章后面介绍。

众数是指一组数据中出现频率最高的数值。值得注意的是，众数可能不止一个。在处理数值数据时，常见的做法是取所有众数的平均值以呈现一个单一的数值，但这并非必需的操作。对于非数值数据，可能会将多个值都列出。

通过上述介绍可知，没有一种用于计算众数的单一方法。在本例中，我们将简单地按照出现频率降序列出所有值，然后由用户决定如何处理输出。接下来的解决方案中使用了 COUNT 函数，以及 GROUP BY 和 ORDER BY 子句。下列语句用来确定一个名为 ColumnName 的列的众数。

```
SELECT
ColumnName
COUNT(*) AS Occurrences
FROM table
GROUP BY ColumnName
ORDER BY Occurrences DESC
```

在这个通用的解决方案中，给出了数据集中 ColumnName 列的唯一值。Occurrences 列说明了该值出现的次数。由于存在 ORDER BY 子句，因此这些值将按照出现的次数降序排列。最上面的一行（或者几行）将展示数据集的众数。

可以看到，众数的计算与频率分布的计算相似，区别在于数据的排序方式。

注意，在使用关键字 GROUP BY 时，columnlist 中的列要么在 GROUP BY 子句中列出，要么用于聚合函数，否则就没有意义了。例如，下面的 SELECT 语句将会报错。

```
SELECT
GradeType AS 'Grade Type',
AVG(Grade) AS 'Average Grade',
Student AS 'Student'
FROM Grades
GROUP BY GradeType
ORDER BY GradeType
```

在 Microsoft SQL Server 中，错误信息表明 SELECT columnlist 中的 Student 列是无效的，因为它既不在 GROUP BY 子句中，也不在聚合函数中。由于所有的内容都是以分组汇合的形式呈现的，SQL 不知道该如何处理上述语句中的 Student 列，因此，该语句不能被执行。

> **数据库差异：MySQL**
>
> 不同于 Microsoft SQL Server 或 Oracle，在 MySQL 中，上述语句不会产生错误。然而，它会产生不完全正确的结果，比如在 Student 列显示任意值。

9.5　根据多个列分组和排序

组的概念可以被拓展，我们可以基于多个列来划分组。让我们回到之前的 SELECT 语句，在 GROUP BY 子句和 columnlist 中添加 Student 列，示例如下。

```
SELECT
GradeType AS 'Grade Type',
Student AS 'Student',
AVG(Grade) AS 'Average Grade'
FROM Grades
GROUP BY GradeType, Student
ORDER BY GradeType, Student
```

输出结果如表 9.13 所示。

表 9.13

GradeType	Student	AverageGrade
Homework	Hailey	NULL
Homework	Isabella	84
Homework	Peter	88
Quiz	Hailey	71.5
Quiz	Isabella	93.5
Quiz	Peter	66

现在我们看到的分类条件不只有 GradeType，还有 Student。我们通过计算得到了每个组的平均值。注意，Hailey 的家庭作业行被显示为 NULL 值，是因为她只有一行家庭作业数据，而那行的成绩值为 NULL。

GROUP BY 子句中列的顺序没有任何意义。将该子句改为以下语句，结果相同。

```
GROUP BY Student, GradeType
```

但与之前一样，ORDER BY 子句中列的顺序是有意义的。如果将 ORDER BY 子句换成：

```
ORDER BY Student, GradeType
```

得到的结果如表 9.14 所示。

表 9.14

GradeType	Student	AverageGrade
Homework	Hailey	NULL
Quiz	Hailey	71.5
Homework	Isabella	84
Quiz	Isabella	93.5
Homework	Peter	88
Quiz	Peter	66

这看起来有点奇怪，因为很难立刻知道 SQL 是先按 Student 排序再按 GradeType 排序的。通常来说，保证 GROUP BY 子句和 ORDER BY 子句中列的顺序一致，会更容易阅读。一个更容易理解的 SELECT 语句的示例如下。

```
SELECT
Student AS 'Student',
GradeType AS 'Grade Type',
AVG(Grade) AS 'Average Grade'
FROM Grades
GROUP BY GradeType, Student
ORDER BY Student, GradeType
```

新的输出结果如表 9.15 所示。

表 9.15

Student	Grade Type	Average Grade
Hailey	Homework	NULL
Hailey	Quiz	71.5
Isabella	Homework	84
Isabella	Quiz	93.5
Peter	Homework	88
Peter	Quiz	66

这样就更容易理解了，因为列的顺序与排序顺序相对应。

我们有时候可能分不清 GROUP BY 子句和 ORDER BY 子句。区分的要点在于，GROUP BY 子句只是创建了组，仍然要通过 ORDER BY 子句才能将数据以有意义的顺序排列。

9.6　基于聚合的查询条件

在通过 GROUP BY 子句将数据分组后，查询条件也随之复杂起来。将任何类型的查询条件应用到带有 GROUP BY 子句的 SELECT 语句时，都需要指定该查询条件是用于单个记录还是整个组。WHERE 子句是用于单行的查询条件，对组级别使用查询条件时，SQL 提供了一个名为 HAVING 的关键字。

回到 Grades 表，假设我们只想看到 70 分以上的测试成绩。在本例中，因为我们想查看的成绩是个人成绩，所以可以像往常一样使用 WHERE 子句。SELECT 语句如下所示。

```
SELECT
Student AS 'Student',
GradeType AS 'Grade Type',
Grade AS 'Grade'
FROM Grades
WHERE GradeType = 'Quiz'
AND Grade >= 70
ORDER BY Student, Grade
```

返回的数据如表 9.16 所示。

表 9.16

Student	Grade Type	Grade
Hailey	Quiz	81
Isabella	Quiz	92
Isabella	Quiz	95
Peter	Quiz	74

注意，表中没有显示得分低于 70 分的测试成绩。例如，我们可以看到 Peter 有一个 74 分的测试成绩，但看不到 58 分的测试成绩。

接下来介绍 HAVING 子句的使用方法。假设我们想要显示平均测试成绩在 70 分以上的学生的数据。在这种情况下，我们要选择的是多行的平均值，而非单行的值，这正是使用 HAVING 子句的时候。首先基于学生对成绩分组，然后对整个组的聚合统计应用查询条件。通过下列语句可以获得预期结果。

```
SELECT
Student AS 'Student',
AVG(Grade) AS 'Average Quiz Grade'
FROM Grades
WHERE GradeType = 'Quiz'
GROUP BY Student
HAVING AVG(Grade) >= 70
ORDER BY Student
```

输出结果如表 9.17 所示。

表 9.17

Student	Average Quiz Grade
Hailey	71.5
Isabella	93.5

该 SELECT 语句包含 WHERE 子句和 HAVING 子句。WHERE 子句确保我们只选择 GradeType 为"Quiz"的记录，而 HAVING 子句确保我们只选择平均分在 70 以上的学生。

在这个例子上更进一步，如果我们还想添加一个带有 GradeType 值的列呢？如果我们试图将 GradeType 添加到 SELECT columnlist 中，那么该语句会报错。这是因为所有列都必须在 GROUP BY 子句或聚合中给出。因此，如果我们想显示 GradeType，那么必须将其添加到 GROUP BY 子句中，示例如下。

```
SELECT
Student AS 'Student',
GradeType AS 'Grade Type',
AVG(Grade) AS 'Average Grade'
FROM Grades
WHERE GradeType = 'Quiz'
GROUP BY Student, GradeType
HAVING AVG(Grade) >= 70
ORDER BY Student
```

输出结果如表 9.18 所示。

表 9.18

Student	Grade Type	Average Grade
Hailey	Quiz	71.5
Isabella	Quiz	93.5

这里添加了 HAVING 子句。让我们回顾一下包含到目前为止使用的所有子句的 SELECT 语句的一般格式。

```
SELECT columnlist
FROM tablelist
WHERE condition
GROUP BY columnlist
HAVING condition
ORDER BY columnlist
```

请记住，在 SELECT 语句中使用上述任何一个关键字时，都必须按照给定的顺序进行排列。例如，关键字 HAVING 必须总是在 GROUP BY 子句之后和 ORDER BY 子句之前。

9.7　GROUP BY 子句中的条件逻辑

在第 8 章中，我们看到了在 SELECT 语句的 columnlist、ORDER BY 子句和 WHERE 子句中使用 CASE 表达式的例子。当 SELECT 语句包含 GROUP BY 子句时，columnlist 中的所有表达式要么出现在 GROUP BY 子句中，要么出现在聚合函数中。这意味着当在 GROUP BY 子句中使用 CASE 表达式时，在 SELECT 语句的 columnlist 中也必须使用相同的表达式。下面继续使用第 8 章的 Groceries 表说明这一点，Groceries 表如表 9.19 所示。

表 9.19

GroceryID	CategoryCode	Description
1	F	Apple
2	F	Orange
3	S	Mustard
4	V	Carrot
5	B	Water

在本例中，我们想将通过 CASE 表达式计算得到的类别进行分组，即分为 Fruit、Vegetable 和 Other 组，我们的目的是得到每个类别中产品的数量。示例语句如下所示。

```
SELECT
CASE CategoryCode
WHEN 'F' THEN 'Fruit'
WHEN 'V' THEN 'Vegetable'
ELSE 'Other'
END AS 'Category',
COUNT(*) AS 'Count'
FROM Groceries
GROUP BY
CASE CategoryCode
WHEN 'F' THEN 'Fruit'
WHEN 'V' THEN 'Vegetable'
ELSE 'Other'
END
ORDER BY
CASE CategoryCode
WHEN 'F' THEN 'Fruit'
WHEN 'V' THEN 'Vegetable'
ELSE 'Other'
END
```

输出如表 9.20 所示。

表 9.20

Category	Count
Fruit	2
Other	2
Vegetable	1

注意，SELECT columnlist、GROUP BY 子句和 ORDER BY 子句使用了相同的 CASE 表达式。

9.8   HAVING 子句中的条件逻辑

为了说明如何在 HAVING 子句中使用条件逻辑，让我们回到本章前面的 HAVING 子句示例。在那个例子中，我们显示了平均测试成绩在 70 分以上的学生的数据。该语句为：

```
SELECT
Student AS 'Student',
GradeType AS 'Grade Type',
AVG(Grade) AS 'Average Grade'
FROM Grades
WHERE GradeType = 'Quiz'
GROUP BY Student, GradeType
HAVING AVG(Grade) >= 70
ORDER BY Student
```

在这种情况下，WHERE 子句选择了 Quiz 类型。我们声明了一条按照学生和成绩类型分组的语句，然后在 HAVING 子句中应用了聚合条件逻辑，限制仅检索平均测试成绩在 70 分以上的学生。

接下来，我们将使用数据中之前被忽略的一列，即 YearInSchool 列。基于上述信息，我们将之前的语句改为：如果是 7 年级的学生，则列出平均成绩至少为 70 分的学生；如果是 8 年级的学生，则列出平均成绩为 75 分以上的学生。如果不是 7 年级或 8 年级的学生，则列出平均成绩为 80 分以上的学生。为此，我们需要在 HAVING 子句中添加 CASE 表达式。我们还将展示 YearInSchool 列。示例语句如下所示。

```
SELECT
Student AS 'Student',
YearInSchool AS 'Year in School',
GradeType AS 'Grade Type',
AVG(Grade) AS 'Average Grade'
FROM Grades
WHERE GradeType = 'Quiz'
GROUP BY Student, YearInSchool, GradeType
HAVING AVG(Grade) >=
CASE
WHEN YearInSchool = 7 THEN 70
WHEN YearInSchool = 8 THEN 75
ELSE 80
END
ORDER BY Student
```

HAVING 子句用于指定平均成绩必须大于 CASE 表达式返回的数值。CASE 表达式将提供 70、75 或 80 三者中的一个值。结果如表 9.21 所示。

表 9.21

Student	Year In School	Grade Type	Average Grade
Isabella	7	Quiz	93.5

这里仅列出 Isabella 一个学生，因为她是唯一符合新条件的人。

9.9 排名函数

除了本章前面讨论过的分组技术，SQL 还提供了一些特定的排名（ranking）函数，使用这些函数可以按照顺序分类的方法对行进行分类。有以下 4 种基本的排名函数。

- ROW-NUMBER；
- RANK；
- DENSE-RANK；
- NTILE。

ROW_NUMBER 函数根据另一列或与该函数相关联的表达式的特定顺序来创建行号。将行按照特定顺序排序之后，生成的行号将从 1 开始，并依次递增为 2、3、4，以此类推。ROW_NUMBER 函数不需要参数。

RANK 函数与 ROW_NUMBER 函数相同，但如果指定的列或表达式有两行或多行具有相同的值，那么 RANK 函数会赋予它们相同的编号。例如，如果第二行和第三行有相同的值，那么产生的排名将会是 1、2、2 和 4。因为有两行数值都为 2，所以 SQL 跳过了数字 3。

DENSE_RANK 函数和 RANK 函数相同，但即使有重复的数值，DENSE_RANK 函数也不会跳过任何编号。对于前面的示例，DENSE_RANK 函数得到的编号将是 1、2、2 和 3，没有跳过数字 3。

NTILE 函数根据另一列或表达式指定的顺序生成百分位数（或四分位数、十位数等）。与 RANK、ROW_NUMBER 和 DENSE_RANK 函数不同，NTILE 函数需要一个参数。例如，函数 NTILE（100）将会返回百分位数。百分位数是从 1 到 100 的数字，表示值的相对排名。除了 100，任何其他数字都可以用作这个函数的参数。比如，函数 NTILE（10）将创建十分位数，函数 NTILE（4）将创建四分位数。

下面举一些例子说明排名函数，这些例子将全部基于表 9.22 中的数据展开。

表 9.22

StockSymbol	StockName	Exchange	PriceEarningsRatio
AAPL	Apple Inc	NASDAQ	36
AMZN	Amazon.com Inc	NASDAQ	80
BAC	Bank of America Corporation	NYSE	17
GE	General Electric Company	NYSE	29
GOOG	Alphabet Inc	NASDAQ	40
HSY	The Hershey Company	NYSE	27
KO	The Coca-Cola Company	NYSE	33
MCD	McDonalds Corporation	NYSE	36
MMM	3M Company	NYSE	22
MSFT	Microsoft Corporation	NASDAQ	39
NFLX	Netflix Inc	NASDAQ	61
ORCL	Oracle Corporation	NASDAQ	18
SBUX	Starbucks Corporation	NASDAQ	205
TGT	Target Corporation	NYSE	22
WMT	Wal-Mart Inc	NYSE	30

表 9.22 列出了一些股票，显示了它们的股票代码、股票名称、证券交易所和市盈率（PE）。例如，苹果公司（AAPL）是在 NASDAQ 中进行交易的，市盈率是 36。

在第一个例子中，我们按照市盈率对所有行进行排名，并使用 ROW_NUMBER 函数为每行创建一个行号。我们想要按照市盈率从低到高的顺序进行排名，即先显示较低的市盈率，因为低市盈率通常要比高市盈率好。实现上述任务的语句如下所示。

```
SELECT
ROW_NUMBER() OVER (ORDER BY PriceEarningsRatio) AS 'Row',
StockSymbol AS 'Symbol',
StockName AS 'Name',
Exchange AS 'Exchange',
PriceEarningsRatio AS 'PE Ratio'
FROM Stocks
ORDER BY PriceEarningsRatio
```

该语句的输出结果如表 9.23 所示。

表 9.23

Row	Symbol	Name	Exchange	PE Ratio
1	BAC	Bank of America Corporation	NYSE	17
2	ORCL	Oracle Corporation	NASDAQ	18
3	TGT	Target Corporation	NASDAQ	22
4	MMM	3M Company	NYSE	22
5	GE	General Electric Company	NASDAQ	23
6	HSY	The Hershey Company	NYSE	27
7	WMT	Wal-Mart Inc	NYSE	30
8	KO	The Coca-Cola Company	NYSE	33
9	MCD	McDonalds Corporation	NYSE	36
10	AAPL	Apple Inc	NYSE	36
11	MSFT	Microsoft Corporation	NYSE	39
12	GOOG	Alphabet Inc	NYSE	40
13	NFLX	Netflix Inc	NASDAQ	61
14	AMZN	Amazon.com Inc	NASDAQ	80
15	SBUX	Starbucks Inc	NASDAQ	205

我们来看看上述语句是如何工作的。首先，请注意，这条语句中没有查询条件和分组，除 columnlist 外，只有一条 FROM 子句和一条 ORDER BY 子句。想要按照市盈率从低到高的顺序排列，ORDER BY 子句（语句中的最后一行）是必不可少的。该语句的主要难点在于 columnlist 中的第一项，它用到了排名函数 ROW_NUMBER。请注意，这里使用了关键字 OVER 和包含在括号中的另一个关键字 ORDER BY。包含排名函数的 columnlist 的一般格式如下所示。

```
Rank_Function() OVER (ORDER BY expression [[ASC]|DESC])
```

Rank_Function 函数可以是上面介绍的四个函数中的任意一个。关键字 OVER 是必需的，其作用是指定如何应用排名函数。圆括号中的表达式指定了要使用哪一列或哪个表达式来进行排名。关键字 ORDER BY 表示该表达式是按升序还是按降序排列。如果按升序排列，那么关键字 ASC 不是必需的。

在本例中，我们要根据 PriceEarningsRatio 列的值指定行号。PriceEarningsRatio 列的值按升序排列。第一行即 Bank of America Corporation 所在的行，行号为 1，因为它是序列中的第一行。请注意，ROW_NUMBER 函数只是指定了行号。我们还需要通过 SELECT 语句中的 ORDER BY 子句来让输出以真正想要的顺序显示。

为了说明 RANK 函数和 DENSE_RANK 函数的用法，我们将它们添加到上述语句中。现在将不再显示股票名称或交易所的名称。新的语句如下所示。

```
SELECT
ROW_NUMBER() OVER (ORDER BY PriceEarningsRatio) AS 'Row',
RANK() OVER (ORDER BY PriceEarningsRatio) AS 'Rank',
DENSE_RANK() OVER (ORDER BY PriceEarningsRatio) AS 'Dense Rank',
StockSymbol AS 'Symbol',
PriceEarningsRatio AS 'PE Ratio'
FROM Stocks
ORDER BY PriceEarningsRatio
```

输出如表 9.24 所示。

表 9.24

Row	Rank	Dense Rank	Symbol	PE Ratio
1	1	1	BAC	17
2	2	2	ORCL	18
3	3	3	TGT	22
4	3	3	MMM	22
5	5	4	GE	23
6	6	5	HSY	27
7	7	6	WMT	30
8	8	7	KO	33
9	9	8	MCD	36
10	9	8	AAPL	36
11	11	9	MSFT	39
12	12	10	GOOG	40
13	13	11	NFLX	61
14	14	12	AMZN	80
15	15	13	SBUX	205

在这个示例中，TGT 和 MMM 的市盈率相同。因此，对它们应用 RANK 函数和 DENSE_RANK 函数得到的值也相同。不同的是分配给后续行的值。对于 RANK 函数，在 TGT 和 MMM 之后的下一行（即 GE）会跳过一个数字，它被赋值为 5。对于 DENSE_RANK 函数，下一行则不会跳过数字，它会被赋值为 4。

再来看 NTILE 函数，我们将给出函数 NTILE（4）和 NTILE（10）的示例。如前所述，NTILE 函数以指定的顺序对行进行排名，然后把它们分到一个组中。对于函数 NTILE（4），数据会被分为 4 组，这通常称为四分位数。函数 NTILE（10）则会把数据分到 10 个组中，称为十分位数。为了说明问题，下面的语句将按照市盈率对股票进行排名，并且显示 NTILE（4）和 NTILE（10）。

```
SELECT
NTILE(4) OVER (ORDER BY PriceEarningsRatio) AS 'Quartile',
NTILE(10) OVER (ORDER BY PriceEarningsRatio) AS 'Decile',
StockSymbol AS 'Symbol',
PriceEarningsRatio AS 'PE Ratio'
FROM Stocks
ORDER BY PriceEarningsRatio
```

输出的结果如表 9.25 所示。

表 9.25

Quartile	Decile	Symbol	PE Ratio
1	1	BAC	17
1	1	ORCL	18
1	2	TGT	22
1	2	MMM	22
2	3	GE	23
2	3	HSY	27
2	4	WMT	30
2	4	KO	33
3	5	MCD	36
3	5	AAPL	36
3	6	MSFT	39
3	7	GOOG	40
4	8	NFLX	61
4	9	AMZN	80
4	10	SBUX	205

　　按照市盈率排名时，Quartile 列把数据分为了 4 组。可以看到，1 到 4 行在第一个四分位，5 到 8 行在第二个四分位，以此类推。Decile 列以相同的方式把数据分为了 10 组。对于更大的数据集，通常会用函数 NTILE（100）把数据分为 100 组。我们把 100 组中的每个组称为百分位数（percentile）。

9.10　分区

　　前面介绍的排名函数有一种有用的变体。可以先将数据分区，再应用排名函数。在前面，我们将包含排名函数的 columnlist 的一般格式表示为如下形式。

```
Rank_Function() OVER (ORDER BY expression [[ASC]|DESC])
```

　　由于数据的分区涉及关键字 PARTITION BY，因此使用分区后，包含排名函数的 columnlist 的一般格式如下所示。

```
Rank_Function() OVER (PARTITION BY expression_1
ORDER BY expression_2 [[ASC]|DESC])
```

　　在前面的示例中，我们忽略了 Exchange 列的值。通过分区，我们可以根据 Exchange 列中的值是 NYSE 还是 NASDAQ 来将数据分为两个独立的组。在分组之后，还是像之前那样应用排名函数。

　　为了进一步说明，我们对前面章节中的第一个查询，也就是使用 ROW_NUMBER 函数对数据进行排名并且根据市盈率为每一行指定一个行号的查询做出修改。原本的 SQL 语句如下。

```
SELECT
ROW_NUMBER() OVER (ORDER BY PriceEarningsRatio) AS 'Row',
StockSymbol AS 'Symbol',
StockName AS 'Name',
Exchange AS 'Exchange',
PriceEarningsRatio AS 'PE Ratio'
FROM Stocks
ORDER BY PriceEarningsRatio
```

　　在修改版中，我们会为使用 ROW_NUMBER 函数的 columnlist 添加关键字 PARTITION BY。我们还会删除股票名称，重新调整列的顺序和 ORDER BY 子句，以便以更容易理解的形式来展示数据。新的语句如下所示。

```
SELECT
Exchange AS 'Exchange',
ROW_NUMBER() OVER (PARTITION BY Exchange ORDER BY PriceEarningsRatio)
AS 'Exchange Rank',
StockSymbol AS 'Symbol',
PriceEarningsRatio AS 'PE Ratio'
FROM Stocks
ORDER BY Exchange, PriceEarningsRatio
```

输出结果如表 9.26 所示。

表 9.26

Exchange	Exchange Rank	Symbol	PE Ratio
NASDAQ	1	ORCL	18
NASDAQ	2	AAPL	36
NASDAQ	3	MSFT	39
NASDAQ	4	GOOG	40
NASDAQ	5	NFLX	61
NASDAQ	6	AMZN	80
NASDAQ	7	SBUX	205
NYSE	1	BAC	17
NYSE	2	TGT	22
NYSE	3	MMM	22
NYSE	4	GE	23
NYSE	5	HSY	27
NYSE	6	WMT	30
NYSE	7	KO	33
NYSE	8	MCD	36

请注意，这里还把 ROW_NUMBER 函数的列别名从 Row 改为了 Exchange Rank。这么做是因为我们现在有两个数据集。这时使用这个列作为行号就不再合理了，因为我们有两个顺序的数字集合了。请注意，ORDER BY 子句必须与排名函数中的 PARTITION BY 表达式和 RANKING BY 表达式相对应。如果将数据按照一种方式分区和排名，而按照另一种方式来排序，那么结果可能会很难理解。

请记住，分区和本章前面使用 GROUP BY 子句创建的分组不同。使用 GROUP BY 子句的目的是为数据分组，然后对每个组应用聚合函数。例如，你可能想要按照 Exchange 列分组，然后获取每个组的平均市盈率。这样就可以得到 NASDAQ 交易所和 NYSE 交易所的平均市盈率。相反，分区的概念保留了具体数据的完整性。创建分区只是为了对每个分区中单独的行进行排名。尽管为了排名也会把数据划分为组，但是具体的数据保留了下来，并没有使用聚合。

前面的例子说明了在 ROW_NUMBER 函数中应用分区的做法。在其他三个排名函数（RANK、DENSE_RANK 和 NTILE）中，分区以相同的方式工作。例如，如果我们想要根据 Exchange 列进行分区，然后显示每个分区的四分位数，语句如下。

```
SELECT
Exchange AS 'Exchange',
NTILE(4) OVER (PARTITION BY Exchange ORDER BY PriceEarningsRatio)
AS 'Quartile',
StockSymbol AS 'Symbol',
PriceEarningsRatio AS 'PE Ratio'
FROM Stocks
ORDER BY Exchange, PriceEarningsRatio
```

这条语句的输出如表 9.27 所示。

表 9.27

Exchange	Quartile	Symbol	PE Ratio
NASDAQ	1	ORCL	16
NASDAQ	1	AAPL	36
NASDAQ	2	MSFT	39
NASDAQ	2	GOOG	40
NASDAQ	3	NFLX	61
NASDAQ	3	AMZN	80
NASDAQ	4	SBUX	205
NYSE	1	BAC	17
NYSE	1	TGT	22
NYSE	2	MMM	22
NYSE	2	GE	23
NYSE	3	HSY	27
NYSE	3	WMT	30
NYSE	4	KO	33
NYSE	4	MCD	36

正如所预期的那样，现在的数据按四分位数显示了 NASDAQ 和 NYSE 的股票。

9.11   分析函数

现在我们转向一组类似于之前讨论的排名函数的函数，即分析函数。分析函数基于一组记录来计算各种聚合值。像排名函数一样，其返回值仍然是行一级的，行不会被聚合成组。与排名函数一样，分析函数可以使用 OVER 子句也可以使用 PARTITION BY 子句将行分成不同的组。分析函数执行的任务包括计算某行相对于其他行的百分位数，或者显示同一数据集中前一行的值。为了说明分析函数的威力，我们将提供两个此类函数的例子：PERCENT_RANK 和 LAG。

PERCENT_RANK 函数提供了特定行中的数值与表中其他行或表中同一个分区的其他行之间的相对排名。相对排名以百分位数表示。我们将用前面提到的 Stocks 表来说明该函数。在本例中，目标是显示每只股票的市盈率与同一交易所其他股票的市盈率的对比情况。对于 NYSE 的股票，我们只想看到它的市盈率与该证券交易所其他股票相比的情况，对于 NASDAQ 的股票也是如此。实现这一任务的语句如下。

```
SELECT
Exchange,
StockSymbol as 'Symbol',
PriceEarningsRatio AS 'PE Ratio',
ROUND(PERCENT_RANK() OVER (PARTITION BY Exchange
ORDER BY PriceEarningsRatio) * 100, 0) AS 'Percent Rank'
FROM Stocks
ORDER BY Exchange, PriceEarningsRatio
```

该语句的输出如表 9.28 所示。

表 9.28

Exchange	Symbol	PE Ratio	Percent Rank
NASDAQ	ORCL	18	0
NASDAQ	AAPL	35	17
NASDAQ	MSFT	39	33
NASDAQ	GOOG	40	50
NASDAQ	NFLX	61	67
NASDAQ	AMZN	80	83
NASDAQ	SBUX	205	100
NYSE	BAC	17	0
NYSE	TGT	22	14
NYSE	MMM	22	14
NYSE	GE	23	43
NYSE	HSY	27	57
NYSE	WMT	30	71
NYSE	KO	33	86
NYSE	MCD	36	100

PERCENT_RANK 函数的语法与之前看到的排名函数类似。PARTITION BY 子句用于指定我们只想计算每个交易所内的排名。ORDER BY 子句表示我们要按照股票的 PE Ratio 列对排名进行排序。请注意，这里是将结果相乘，所以像 0.17 这样的数会显示为百分位数，即 17，没有小数点。最后，整个表达式被放在 ROUND 函数中，将百分比四舍五入为最接近的整数。正如你所看到的，在所有 NASDAQ 的行和所有 NYSE 的行中，PERCENT_RANK 的范围为 0 到 100。对于 NASDAQ 的股票，ORCL 在零分位，SBUX 在百分位。同样，NYSE 的股票范围也是从 0 的 BAC 到 100 的 MCD。

延伸：中位数

中位数是除平均数和众数外，计算数据集中心趋势的另一种方法。中位数指的是一个数据集按照感兴趣的列排序后的精确中间值。例如，如果一个数据集有 9 行，在按所需顺序排序后，中位数将是第五行中相关列的值。如果数据集的行数是偶数，中位数通常是指中间两行的平均值。即如果有 10 行，中位数将是第五行和第六行数值的平均值。

Microsoft SQL Server 提供了一个名为 PERCENTILE_CONT 的分析函数，可以用来计算中位数。该函数类似于 PERCENT_RANK 函数的逆函数。PERCENT_RANK 函数计算的是一个数值的百分位数，而 PERCENTILE_CONT 函数计算的是一个指定的百分位数的数值，是连续分布中的一个期望百分比。为了找到中位数，我们会为 PERCENTILE_CONT 函数指定第 50 个百分点。由于分布是连续的，如果有必要的话，该函数会计算出中间行的平均值。还有一个 PERCENTILE_DISC 函数，它可以强制函数选择现有数值中的一个，而不取平均值。

计算 Stocks 表的中位数的语句如下。

```
SELECT
TOP 1
PERCENTILE_CONT(0.5)
WITHIN GROUP
(ORDER BY PriceEarningsRatio)
OVER (PARTITION BY 'X') AS 'Median'
FROM Stocks
```

上述语句的输出是一个单行，计算出的 Median 列的值是 33。PERCENTILE_CONT 函数的规格为 0.5，表明我们想要的是 50 的百分位数。这个函数需要用到关键字 WITHIN GROUP。ORDER BY 子句用于指定我们想要哪一列的中位数。PERCENTILE_CONT 函数需要用到一个 PARTITION BY 子句，因为在这个例子中，我们并不真的希望对数据进行分区，所以提供了一个假值 X，而这个假值被忽略了。最后，TOP 子句会约束 SELECT 语句只返回一条记录。如果没有 TOP 子句，那么表中每只股票的中位数都会被显示出来，而且都是相同的值。

如果你想利用分区计算每个交易所的中位数，可以使用如下语句。

```
SELECT
Exchange,
PERCENTILE_CONT(0.5)
WITHIN GROUP
(ORDER BY PriceEarningsRatio)
OVER (PARTITION BY Exchange) AS 'Median'
FROM Stocks
```

这里的返回值表明 NASDAQ 股票的中位数为 40，NYSE 股票的中位数为 25。注意，与 Microsoft SQL Server 和 Oracle 不同，MySQL 不提供 PERCENTILE_CONT 或 PERCENTILE_DISC 函数。

现在来看看 LAG 函数。为了说明其用途，我们将利用以下 SalesHistory 表中的数据。SalesHistory 表如表 9.29 所示。

表 9.29

HistoryID	CustomerID	SalesDate	SalesAmount
1	100	2021-12-01	23
2	101	2021-12-02	11
3	100	2021-12-05	81
4	101	2021-12-05	40
5	101	2021-12-06	33

LAG 函数允许你检查一个数据集，并根据指定的排序顺序返回给定分区中前一行的值。LAG 函数的一般格式如下所示。

```
LAG(Expression, Offset) OVER (PARTITION BY PartitionClause ORDER BY
OrderClause
```

Expression 参数是我们要计算的表达式。Offset 参数是我们想要显示的当前行之前的行数。

例如，我们想要按照 SalesDate 列对 SalesHistory 表进行排序，并显示每个客户上一次的销售金额。该任务可以通过下列语句完成。

```
SELECT
CustomerID,
SalesDate AS 'Sales Date',
SalesAmount AS 'Sales Amount'
LAG(SalesAmount, 1)
OVER (PARTITION BY CustomerID ORDER BY SalesDate) AS 'Previous Sale'
FROM Stocks
ORDER BY CustomerID, SalesDate
```

其输出如表 9.30 所示。

表 9.30

CustomerID	Sales Date	Sales Amount	Previous Sales
100	2021-12-01	23	NULL
100	2021-12-05	81	23
101	2021-12-02	11	NULL
101	2021-12-05	40	11
101	2021-12-06	33	40

我们来看看这些数据意味着什么。首先，注意上述语句中包含了 ORDER BY 子句，因此是基于 CustomerID 列和 SalesDate 列来排序的。在第一行中，计算出 Previous Sales 列的值是 NULL，这意味着之前没有该客户的销售记录。第二行的值是 23，意味着之前对该客户销售过 23 次。我们也可以在第一行看到这个值。接着是第三行的客户 101，我们再次看到该客户的第一次销售值为 NULL。第四行和第五行显示了该客户最近的销售情况。

最后请注意，Microsoft SQL Server 提供了一个名为 LEAD 的函数，它与 LAG 函数相同，只是它显示的是当前行后面行的值，而不是前面行的值。

9.12 小结

本章介绍了几种聚合形式。首先介绍了最简单的聚合，即删除重复的数据。然后介绍了多种聚合函数，聚合函数是一类新的函数，与第 4 章中的标量函数是有区别的。关键字 GROUP BY 允许将数据分组，当聚合函数与关键字 GROUP BY 结合使用时，其真正威力才显现出来。我们还研究了 HAVING 子句的使用，它允许你对聚合函数中的值应用组级别的查询条件。

本章后面介绍了另外两个与汇总相关的主题。在 GROUP BY 子句和 HAVING 子句中使用 CASE 表达式时，我们可以应用分组条件逻辑和分组查询条件。本章最后介绍了排名函数、分区和分析函数，它们是组织具体数据的有用方法。使用关键字 PARTITION BY 可以将数据分组，并和排名函数或分析函数组合使用。

在第 10 章中，分类汇总（subtotal）和交叉表（crosstab）为汇总数据提供了其他格式化选项。分类汇总允许你将汇总的信息与详细数据一起展示出来。交叉表提供了一种新的数据布局方式，可以更清晰地展示汇总数据。

第 10 章
分类汇总和交叉表

关键字： ROLLUP、GROUPING、CUBE、PIVOT 和 FOR

第 9 章为查询提供了多种聚合方法，本章将讨论扩展到提供分类汇总功能的附加选项上。聚合数据时，实际上也删除了隐藏于汇总数据之下的详细数据。聚合的核心在于使用汇总数据来代替具体数据。然而，有时候用户既希望看到具体数据，又希望看到汇总数据，这时分类汇总就有了用武之地。分类汇总通常是通过额外的行来实现的，这些行带有汇总关键列后的具体数据。

本章要介绍的第二个主题是如何将汇总后的数据显示给用户。在第 9 章中，呈现在用户面前的数据是分组后的值和汇总后的值，通常这是显示数据的合适方法。但有时用户喜欢以交叉表的形式来显示数据。交叉表是将一个组拆分成多列的一种组织形式，它能够大大减少用户需要查看的行数。许多报表工具都采用交叉表布局。交叉表布局的一个典型例子是 Excel 的透视表（pivot table），透视表允许我们把数据布局在行和列中。本章将展示如何使用 SQL 命令达到类似的效果。

10.1 使用 ROLLUP 添加分类汇总

第 9 章中展示了如何通过 GROUP BY 子句对数据进行分组。通常情况下，在对数据进行分组时，一些列可能会被聚合起来，以提供该列的数值总和。下面让我们基于表 10.1 所示的数据重现这种情况，该表中显示了一些产品的当前库存情况。

表 10.1

InventoryID	Category	Subcategory	Product	Quantity
1	Furniture	Chair	Executive Armchair	3
2	Furniture	Chair	Swivel Task Chair	2
3	Furniture	Desk	Student Computer Desk	4
4	Paper	Copy	Multipurpose Paper	5
5	Paper	Copy	White Laser Paper	2
6	Paper	Notebook	College Ruled Paper	4

在这个例子中，每个产品都是按照 Category 列和 Subcategory 列分类的。例如，Furniture 类型包括 Chair 和 Desk 子类。以下 SELECT 语句按照 Category 列和 Subcategory 列对数据进行分组，并计算每组的 Quantity 之和。

```
SELECT
Category,
Subcategory,
SUM(Quantity) AS 'Quantity'
FROM Inventory
GROUP BY Category, Subcategory
ORDER BY Category, Subcategory
```

输出结果如表 10.2 所示。

表 10.2

Category	Subcategory	Quantity
Furniture	Chair	5
Furniture	Desk	4
Paper	Copy	7
Paper	Notebook	4

到目前为止，一切都正常。现在让我们增加难度，为每个 Category 列增加分类汇总，并增加所有 Category 列的总 Quantity。换言之，除了分组数据，还希望在每个类别后有一行分类汇总，且在最后一行将所有的 Quantity 相加。这可以通过在 GROUP BY 子句中使用关键字 ROLLUP 实现，语句如下所示。

```
SELECT
Category,
Subcategory,
SUM(Quantity) AS 'Quantity'
FROM Inventory
GROUP BY ROLLUP(Category, Subcategory)
```

关键字 ROLLUP 是对 GROUP BY 子句的扩展，用于创建分类汇总行和总的汇总行。上述 SQL 语句的输出结果如表 10.3 所示。

表 10.3

Category	Subcategory	Quantity
Furniture	Chair	5
Furniture	Desk	4
Furniture	NULL	9
Paper	Copy	7
Paper	Notebook	4
Paper	NULL	11
NULL	NULL	20

　　正如你所看到的，结果在原有 4 行的基础上增加了两行分类汇总和一行总的汇总。这些行的 Category 列或 SubCategory 列中含有关键字 NULL。第一个分类汇总行是第三行，显示了 Category 列为 Furniture 的数量是 9。这一行的 Subcategory 列显示为 NULL，是因为只显示了当前 Category 列的分类汇总。第二个分类汇总行是第六行，汇总了 Category 列为 Paper 的行，表明共有 11 件 Paper 类的商品。最后一行是总的汇总行，这一行对所有类别的所有商品进行了汇总，表明库存中共有 20 件商品。

　　注意，输出中的 NULL 与我们之前看到的 NULL 存在差异。在输出结果中，NULL 只是一个占位符，表示使用了 ROLLUP。

　　前面的 SELECT 语句中没有 ORDER BY 子句。在没有 ORDER BY 子句的情况下，分类汇总行和汇总行是出现在每个分类之后的。现在为该语句加上 ORDER BY 子句，看看有何不同。

```
SELECT
Category,
Subcategory,
SUM(Quantity) AS 'Quantity'
FROM Inventory
GROUP BY ROLLUP(Category, Subcategory)
ORDER BY Category, Subcategory
```

输出结果如表 10.4 所示。

表 10.4

Category	Subcategory	Quantity
NULL	NULL	20
Furniture	NULL	9
Furniture	Chair	5
Furniture	Desk	4
Paper	NULL	11
Paper	Copy	7
Paper	Notebook	4

　　从表 10.4 中可以看到，ORDER BY 子句改变了分类汇总行和总的汇总行的位置，它们现在出现在每个分类之前而非之后。由于 NULL 是所有值中的最小值，所以它们出现在序列的第一行。

数据库差异：Oracle

在 Oracle 中，升序排列通常会导致 NULL 出现在序列的末尾而非开头。但是，在 ORDER BY 子句中使用关键字 NULLS FIRST 可以确保 NULL 出现在序列的开头。例如，可以为以下这行 SQL 语句添加关键字 NULLS FIRST：

```
ORDER BY Category, Subcategory;
```

使其变为

```
ORDER BY Category NULLS FIRST, Subcategory NULLS FIRST;
```

　　显然，在上述示例中使用 NULL 值看起来很蠢，且会使 SQL 语句难以理解。现在，我们将展示如何把这些 NULL 值转换为更有意义的东西。这需要通过一个名为 GROUPING 的函数来实现，该函数是一个特殊的聚合函数，与关键字 ROLLUP 一起使用。下一节会看到 GROUPING 函数也可以与关键字 CUBE 一起使用。在下面这个例子中，我们添加了两个使用 GROUPING 函数的列。为简化问题，这里删除了 ORDER BY 子句。

```
SELECT
Category,
Subcategory,
SUM(Quantity) AS 'Quantity',
GROUPING(Category) AS 'Category Grouping',
GROUPING(Subcategory) AS 'Subcategory Grouping'
FROM Inventory
GROUP BY ROLLUP(Category, Subcategory)
```

输出如表 10.5 所示。

表 10.5

Category	Subcategory	Quantity	Category Grouping	Subcategory Grouping
Furniture	Chair	5	0	0
Furniture	Desk	4	0	0
Furniture	NULL	9	0	1
Paper	Copy	7	0	0
Paper	Notebook	4	0	0
Paper	NULL	11	0	1
NULL	NULL	20	1	1

　　让我们检查一下输出，看看 GROUPING 函数做了什么。该函数有一个参数，是待检查的列的名字，该函数的返回值是 0 或 1。如果值为 1，意味着这一行包括分类汇总或总的汇总，与 GROUP BY 子句中的关键字 ROLLUP 指定的列相对应。在本例中，关键字 ROLLUP 是针对 Category 列和 Subcategory 列的。所以，如果这一行提供了 Subcategory 列的分类汇总，那么关于 Subcategory 列的 GROUPING 函数会返回 1。如果不是指定列的分类汇总行，则返回 0。正如你所看到的，在前面的输出中，第三行的 Subcategory 列的值为 NULL，而 Subcategory Grouping 列的值为 1。

　　现在已经了解了 GROUPING 函数的作用，好好利用它吧！在下一个例子中，我们将引入 CASE 语句，它可以将 GROUPING 函数的返回值转换为更有意义的标签。

```
SELECT
ISNULL(Category,'') AS 'Category',
ISNULL(Subcategory, '') AS 'Subcategory',
```

```
SUM(Quantity) AS 'Quantity',
CASE WHEN GROUPING(Category) = 1 then 'Total'
WHEN GROUPING(Subcategory) = 1 then 'Subtotal'
ELSE ' ' END AS 'Subtotal/Total'
FROM Inventory
GROUP BY ROLLUP(Category, Subcategory)
```

该语句的输出如表 10.6 所示。

表 10.6

Category	Subcategory	Quantity	Subtotal/Total
Furniture	Chair	5	
Furniture	Desk	4	
Furniture		9	Subtotal
Paper	Copy	7	
Paper	Notebook	4	
Paper		11	Subtotal
		20	Total

　　Category 列和 Subcategory 列中的 ISNULL 函数阻止了显示单词 NULL。通过在 CASE 语句中使用 GROUPING 函数实现了如果某一行是分类汇总或者总的汇总，则在新的 Subtotal/ Total 列中显示 Subtotal 或 Total。

　　还有其他方法也可以让显示更具可读性。在下面的示例中，我们将 CASE 语句执行的结果移到了第一列。

```
SELECT
CASE
WHEN GROUPING(Category) = 1 THEN 'TOTAL'
WHEN GROUPING(Subcategory) = 1 THEN 'SUBTOTAL'
ELSE ISNULL(Category,'') END AS 'Category',
ISNULL(Subcategory, '') AS 'Subcategory',
SUM(Quantity) AS 'Quantity'
FROM Inventory
GROUP BY ROLLUP(Category, Subcategory)
```

其输出如表 10.7 所示。

表 10.7

Category	Subcategory	Quantity
Furniture	Chair	5
Furniture	Desk	4
SUBTOTAL		9
Paper	Copy	7
Paper	Notebook	4
SUBTOTAL		11
TOTAL		20

从以上语句可以看到，如果对应的数量是分类汇总或总的汇总，Category 列对应的 CASE 语句会展示 SUBTOTAL 或 TOTAL。是分类汇总还是总的汇总通过 GROUPING 函数判断。

> **数据库差异：MySQL**
>
> 对于关键字 ROLLUP，MySQL 中的格式略有不同。以下 Microsoft SQL Server 语句：
>
> ```
> GROUP BY ROLLUP(Category, Subcategory)
> ```
>
> 在 MySQL 中的等价语句如下。
>
> ```
> GROUP BY Category, Subcategory WITH ROLLUP
> ```

10.2　使用关键字 CUBE 添加分类汇总

在数据具有层次结构的情况下，关键字 ROLLUP 可以很好地工作。在前面的例子中，从 Category 列到 Subcategory 列有一个自然的层级结构。因此，可以考虑从 Category 列向下钻取到 Subcategory 列。关键字 ROLLUP 为每个 Category 列提供了分类汇总，并在最后提供了总的汇总。

然而，当数据不具备层级结构，但仍然想添加分类汇总行时该怎么办呢？为了说明这种情况，我们使用 SalesSummary 表中的数据，具体如表 10.8 所示。

表 10.8

SalesDate	CustomerID	State	Channel	SalesAmount
12/1/2021	101	NY	Internet	50
12/1/2021	102	NY	Retail	30
12/1/2021	103	VT	Internet	120
12/2/2021	145	VT	Retail	90
12/2/2021	180	NY	Retail	300
12/2/2021	181	VT	Internet	130
12/2/2021	182	NY	Internet	520
12/2/2021	184	NY	Retail	80

表 10.8 中基于客户和日期展示了销售总额，给出了销售的 State 和 Channel。在本例中，只有 NY 和 VT 两个 State，以及 Internet 和 Retail 两个 Channel。现在我们想要基于 State 和 Channel 了解销售总额。尽管这里有每个客户在相应日期的销售额，但目前不需要按照客户或日期汇总。可以使用以下语句查看基于 State 和 Channel 划分的销售总额。

```
SELECT
State,
Channel,
SUM(SalesAmount) AS 'Sales Amount'
FROM SalesSummary
```

```
GROUP BY State, Channel
ORDER BY State, Channel
```

输出结果如表 10.9 所示。

表 10.9

State	Channel	Sales Amount
NY	Internet	570
NY	Retail	410
VT	Internet	250
VT	Retail	90

到目前为止，我们只应用了简单的 GROUP BY 子句来获取每个 State 和 Channel 组合的销售总额。如果像之前查看家具的库存数据一样，想看分类汇总和总的汇总数据该怎么办呢？问题在于 State 和 Channel 之间并不像 Category 和 Subcategory 之间一样具有自然的层次结构，所以没有明确的计算分类汇总的方法。而实际上，我们想看到的是 State 和 Channel 各种组合的分类汇总，而非存在层次结构的分类汇总。

为此，我们将使用一个新的关键字 CUBE，其用法类似于前面的关键字 ROLLUP。以下语句可以获得预期结果。

```
SELECT
State,
Channel,
SUM(SalesAmount) AS 'Sales Amount'
FROM SalesSummary
GROUP BY CUBE(State, Channel)
ORDER BY State, Channel
```

输出结果如表 10.10 所示。

表 10.10

State	Channel	Sales Amount
NULL	NULL	1320
NULL	Internet	820
NULL	Retail	500
NY	NULL	980
NY	Internet	570
NY	Retail	410
VT	NULL	340
VT	Internet	250
VT	Retail	90

与前面的例子一样，在表 10.10 中，State 和 Channel 这两列中的 NULL 值表示这是一行分类汇总或全部汇总数据。在第一行中，State 列和 Channel 列都是 NULL 值，表明这一行是所有数据的汇总。第二行和第三行的 State 列都是 NULL 值，表明它们是 Channel

列的分类汇总。例如，第二行表明 Internet 渠道的销售总额为 820。第四行和第七行的 Channel 列的值为 NULL，表明它们是 State 列的分类汇总。可以看到，NY 的销售总额为 980，而 VT 的销售总额为 340。

关键字 ROLLUP 以分层的方式钻取数据，而关键字 CUBE 则以多维度的方式查看数据。在本例中，我们可以查看 State 和 Channel 这两个维度的分类汇总数据。

与以前一样，识别分类汇总行和总的汇总行并不容易。理想情况下，你可能要消除所有的 NULL 值，并精确地识别出哪些行是分类汇总，哪些行是总的汇总。与使用关键字 ROLLUP 一样，可以使用 GROUPING 函数确定哪些行是分类汇总。下面的查询语句添加了两个包含 GROUPING 函数的列。

```
SELECT
State,
Channel,
SUM(SalesAmount) AS 'Sales Amount',
GROUPING(State) AS 'State Grouping',
GROUPING(Channel) AS 'Channel Grouping'
FROM SalesSummary
GROUP BY CUBE(State, Channel)
ORDER BY State, Channel
```

输出结果如表 10.11 所示。

表 10.11

State	Channel	Sales Amount	State Grouping	Channel Grouping
NULL	NULL	1320	1	1
NULL	Internet	820	1	0
NULL	Retail	500	1	0
NY	NULL	980	0	1
NY	Internet	570	0	0
NY	Retail	410	0	0
VT	NULL	340	0	1
VT	Internet	250	0	0
VT	Retail	90	0	0

现在的输出其可读性还不是很好，但比之前有进步，这里使用了 GROUPING 函数和其他技巧使得输出更具可读性。接下来执行下面的语句，先看看它的输出，再对其进行解释。

```
SELECT
ISNULL(State,' ') AS 'State',
ISNULL(Channel, ' ') AS 'Channel',
SUM(SalesAmount) AS 'Sales Amount',
CASE WHEN GROUPING(State) = 1
AND GROUPING(Channel) = 1 THEN 'Total'
WHEN GROUPING(State) = 1
```

```
AND GROUPING(Channel) = 0 THEN 'Channel Subtotal'
WHEN GROUPING(State) = 0
AND GROUPING(Channel) = 1 THEN 'State Subtotal'
ELSE ' ' END AS 'Subtotal/Total'
FROM SalesSummary
GROUP BY CUBE(State, Channel)
ORDER BY
CASE
WHEN GROUPING(State) = 0 AND GROUPING(Channel) = 0 THEN 1
WHEN GROUPING(State) = 0 AND GROUPING(Channel) = 1 THEN 2
WHEN GROUPING(State) = 1 AND GROUPING(Channel) = 0 THEN 3
ELSE 4
END
```

输出如表 10.12 所示。

表 10.12

State	Channel	Sales Amount	Subtotal/Total
NY	Retail	410	
VT	Retail	90	
NY	Internet	570	
VT	Internet	250	
NY		980	State Subtotal
VT		340	State Subtotal
	Internet	820	Channel Subtotal
	Retail	500	Channel Subtotal
		1320	Total

　　我们来讨论下输出是如何产生的。第一列使用 CASE 语句在该行不是分类汇总或总的汇总时打印 State 标签。同理，第二列也使用 CASE 语句对 Channel 标签进行了相同操作。第三列使用 SUM 函数打印了每一行的销售额。第四列则使用 CASE 语句生成了 Subtotal/Total 标签。可以看到，CASE 语句使用 GROUPING 函数来确定当前行是 State 分类汇总、Channel 分类汇总，还是总的汇总。如果都不是，SQL 将会在该列输出空白。 GROUP BY 子句使用关键字 CUBE 为所有指定的组合生成分类汇总。最后，我们在 ORDER BY 子句中使用了 CASE 语句和 GROUPING 函数，以确保分类汇总排在具体的行之后，而总的汇总出现在最后一行。

数据库差异：MySQL
MySQL 不支持关键字 CUBE。

10.3　创建交叉表布局

　　使用关键字 ROLLUP 和关键字 CUBE 添加的分类汇总行为查询提供了聚合的可能

性。通过显示分类汇总行，我们可以在查看细节的同时查看数据的汇总信息。现在我们想要把注意转向到汇总数据的常见呈现方式上。我们已经看过通过 State 和 Channel 将数据分组并提供聚合摘要的语句。

```
SELECT
State,
Channel,
SUM(SalesAmount) AS 'Sales Amount'
FROM SalesSummary
GROUP BY State, Channel
ORDER BY State, Channel
```

输出如表 10.13 所示。

表 10.13

State	Channel	Sales Amount
NY	Internet	570
NY	Retail	410
VT	Internet	250
VT	Retail	90

　　输出很容易理解。一共有 4 行数据，每行都给出了一个特定的 State 和 Channel 组合的汇总数据。例如，第 1 行提供了在 NY 州通过 Internet 销售的总额。这很好，但我们现在想要介绍显示相同信息的另外一种方式。使用新的关键字 PIVOT，就可以像在 Excel 透视表中一样显示这些数据，这通常被称为交叉表查询（crosstab query）。使用关键字 PIVOT，我们可以生成如表 10.14 所示的输出。

表 10.14

Channel	NY	VT
Internet	570	250
Retail	410	90

　　现在只有两行数据而非 4 行数据。这是通过将 State 的值分解到各个列来实现的。这种显示数据的紧凑方式被称为交叉表（crosstab）。如果你熟悉 Microsoft Excel，你会发现这与在 Excel 透视表中看到的内容相同。我们将在第 20 章详细介绍透视表，现在需要记住的主要知识是，透视表将字段划分为四个不同的区域：行、列、过滤器和值。如果将表 10.13 视为一张透视表，那么 Channel 就是行区，State 就是列区，Sales Amount 就是值区。

　　交叉表的好处是它更紧凑，更方便查看数据。例如，如果我们对 VT 州的零售数据感兴趣，可以直接查找 Retail 行和 VT 列的交叉点。如果使用传统的聚合汇总表，则需要逐行扫描，直到找到所需的 Channel 和 State 组合的行为止。

　　现在我们来看看上面的交叉表是如何实现的。创建该输出的查询语句如下所示。

```
SELECT * FROM
(SELECT Channel, State, SalesAmount FROM SalesSummary) AS mainquery
PIVOT (SUM(SalesAmount) FOR State IN ([NY], [VT])) AS pivotquery
```

这比我们之前看到的所有查询都更复杂。在某种程度上，这像是把两个查询组合在一起，这个主题将会在第 13 章和第 14 章进行探讨。为了解释上述语句，我们需要将其分解为各个组成部分。查询语句中第二行括号中的内容是：

```
SELECT
Channel,
State,
SalesAmount
FROM SalesSummary
```

这里选择了 SalesSummary 表中三个感兴趣的列的全部数据。后面的关键字 AS 用来为整个查询提供一个别名。在这里，我们将其称为 mainquery，也可以将其改为任意其他名字。

上述语句的第三行介绍了 PIVOT 运算符。这个运算符表示我们将对后面的数据项进行透视。这意味着我们希望数据以交叉表的形式呈现。第一个列出的总是聚合函数。在本例中，它是：

```
SUM(SalesAmount)
```

这表明我们想要对 SalesAmount 列的值进行求和。后面的关键字 FOR 将聚合函数和我们希望在数据透视表中作为单独列呈现的字段区分开来。在本例中，我们想把 State 中的每个值都作为一个单独的列呈现。关键字 IN 将列名和我们想要作为列头呈现的值区分开。在本例中，这些值是 NY 和 VT。请注意，SQL Server 要求将这些枚举值放在方括号中，而不是常见的单引号中。最后，我们为整个 PIVOT 语句指定了一个别名，在本例中是 pivotquery，与 mainquery 一样，这个名字可以随便修改。

概括一下，该语句的一般结构为：

```
SELECT * FROM
(a SELECT query that produces the data) AS alias_for_source_query
PIVOT (aggregation_function(column)
FOR column_for_column_headers
IN pivot_column_values)
AS alias_for_pivot_table
```

乍看起来，这种查询没什么意义，生成的结果并不比最初的输出更有用。为了更好地说明 PIVOT 运算符的价值，现在让我们把另一个层次的聚合 SalesDate 也加到组合中来。回到使用非交叉表的查询语句中，我们可以将原始语句修改为以下变体。

```
SELECT
SalesDate,
State,
```

```
Channel,
SUM(SalesAmount) AS Total
FROM SalesSummary
GROUP BY SalesDate, State, Channel
ORDER BY SalesDate, State, Channel
```

从以上语句可以看到，我们将 SalesDate 添加到了 GROUP BY 子句和 ORDER BY 子句中。输出如表 10.15 所示。

表 10.15

SalesDate	State	Channel	Total
2021-12-01	NY	Internet	50
2021-12-01	NY	Retail	30
2021-12-01	VT	Internet	120
2021-12-02	NY	Internet	520
2021-12-02	NY	Retail	380
2021-12-02	VT	Internet	130
2021-12-02	VT	Retail	90

随着行数的增加，数据会越来越难理解。例如，如果我们想要查找 2021 年 12 月 2 日 NY 州的零售额，就必须扫描每一行，直到发现第 5 行提供了该信息为止。此外，如果我们想查找 2021 年 12 月 1 日 VT 州的零售额，可能需要花费一些时间后才能意识到该信息不存在，因为必须扫描到最后一行才能得出不存在该数据的结论。

使用 PIVOT 运算符可以在交叉表中生成相同的数据，且更方便我们查找需要的数据。我们的目标是生成如表 10.16 所示格式的数据。

表 10.16

SalesDate	Channel	NY	VT
2021-12-01	Internet	50	120
2021-12-01	Retail	30	NULL
2021-12-02	Internet	520	130
2021-12-02	Retail	380	90

该目标可以通过以下 PIVOT 语句实现。

```
SELECT * FROM
(SELECT SalesDate, Channel, State, SalesAmount FROM SalesSummary)
AS mainquery
PIVOT (SUM(SalesAmount) FOR State IN ([NY], [VT])) AS pivotquery
ORDER BY SalesDate
```

这里对之前的 PIVOT 语句做了两处修改。首先，在语句的 mainquery 部分添加了 SalesDate 列作为查询列。其次，添加了一条 ORDER BY 子句，使行按照日期进行排序。不同于之前的是，现在交叉表的行区有两个字段：SalesDate 和 Channel。列区仍然是 State，每个州都有一个单独的列。

　　注意，2021 年 12 月 1 日 VT 州的零售额的值为 NULL。NULL 值明确地告诉我们不存在这样的销售数据。与传统的数据显示方式相比，这种方式有很大改进，使用传统方式很难识别这一情况。

　　另外还要注意的是，mainquery 的 SELECT 语句中的字段顺序很重要。在查询中，我们将 SalesDate 列放在了 Channel 列之前，这使得显示的时候 SalesDate 列会出现在 Channel 列的左边。调换这两列的顺序很容易，示例语句如下所示。

```
SELECT * FROM
(SELECT SalesDate, Channel, State, SalesAmount FROM SalesSummary)
AS mainquery
PIVOT (SUM(SalesAmount) FOR State IN ([NY], [VT])) AS pivotquery
ORDER BY SalesDate
```

我们还修改了 ORDER BY 子句中指定的列，输出结果如表 10.17 所示。

表 10.17

Channel	SalesDate	NY	VT
Internet	2021-12-01	50	120
Internet	2021-12-02	520	130
Retail	2021-12-01	30	NULL
Retail	2021-12-02	380	90

　　正如你所看到的，输出的布局变了，但信息相同。

　　一旦在交叉查询中拥有两个以上的数据元素，就有多种组织数据的方法。例如，把 Channel 而非 Country 放在列区的表如表 10.18 所示。

表 10.18

SalesDate	State	Internet	Retail
2021-12-01	NY	50	30
2021-12-01	VT	120	NULL
2021-12-02	NY	520	380
2021-12-02	VT	130	90

产生该布局的语句如下。

```
SELECT * FROM
(SELECT SalesDate, State, Channel, SalesAmount FROM SalesSummary)
AS mainquery
PIVOT (SUM(SalesAmount) FOR Channel IN ([Internet], [Retail])) AS pivotquery
ORDER BY SalesDate
```

　　该查询的主要变化是，语句的 pivotquery 部分指定了 Channel 的值。这使得在展示时，Channel 的值（Internet、Retail）会被分拆成独立的列。

　　使用 PIVOT 语句的一大难点在于，必须明确地列出所有列的值。如果你要查询数据，则必须在编写查询前就知道这些值。对于小规模的分类数据项而言这不是问题，但对于包含多种可能的值，且会随着时间的推移而改变的数据而言，这就是一个大问题了。在第 20 章中，我们将介绍基于 PIVOT 语句实现交叉表查询的另外一种方式，即使用 Excel 透视表。不同于交叉表查询，数据透视表不要求用户预先知道可能出现的值。数据透视表会根据要显示的值，按需动态地显示行和列。因此，把原始数据给用户，让他们通过 Excel 数据透视表创建自己的交叉表布局，通常是更可取的做法。

> **数据库差异：MySQL 和 Oracle**
>
> MySQL 不提供 PIVOT 运算符。
>
> Oracle 使用 PIVOT 运算符的语法略微不同。以下这条 SQL Server 的语句：
>
> ```
> SELECT * FROM
> (SELECT Channel, State, SalesAmount FROM SalesSummary) AS mainquery
> PIVOT (SUM(SalesAmount) FOR State IN ([NY], [VT])) AS pivotquery
> ```
>
> 在 Oracle 中的等效语句如下。
>
> ```
> SELECT * FROM
> (SELECT Channel, State, SalesAmount FROM SalesSummary)
> PIVOT (SUM(SalesAmount) FOR State IN ('NY', 'VT'));
> ```
>
> 不同于 SQL Server，对于枚举值，Oracle 使用引号而非方括号，并且不使用别名（本例中是别名 mainquery 和 pivotquery）。

10.4　小结

本章稍微偏离了本书的主题方向，讨论了布局的问题。关键字 ROLLUP 和关键字 CUBE 允许 GROUPING 子句为任意数量的列生成分类汇总行。关键字 ROLLUP 在列之间具有明确层次结构的数据上的效果最好。在前面的例子中，Inventory 表中的 Category 列和 Subcategory 列之间存在层次结构。与之相反，关键字 CUBE 可以为指定的列生成所有分类汇总的组合。与立方体结构一样，我们可以从任意角度查看分类汇总数据。此外，本章还讨论了 GROUPING 函数，该函数提供了一种增加分类汇总可读性的方法。

本章的第二个主题是交叉表，即通过 PIVOT 运算符生成使用交叉表布局、组织的数据。尽管创建 PIVOT 查询非常麻烦，但有时有助于为用户生成更易理解的格式。在第 20 章将讨论 Excel 数据透视表，它通常是以交叉表的形式呈现数据的一种更简单的方法。

第 11 章中将重返既定方向，重新聚焦于本书的主题。到目前为止，所有的查询都是从一张表中检索数据。接下来的几章将探讨一次从多张表中组合数据的方法。在现实世界的复杂数据库中，所需数据往往来自多张表。因此，学习如何在一次查询中关联和组合多张表的数据至关重要。

第 11 章
内连接

关键字：INNER JOIN、ON

第 1 章谈到了关系型数据库与之前的数据库相比巨大的进步。关系型数据库的重要成就在于，它支持将数据组织到任意数量的表中，这些表相互关联但又彼此独立。在关系型数据库出现之前，传统数据库利用一连串的内部指针来确定表和表之间的关系。例如，你可能需要从一张客户表开始检索，然后按照指针找到某个客户的第一笔订单，再是下一笔订单，以此类推，直到客户的所有订单都被检索出来为止。相反，关系型数据库允许通过表的共同列来推断它们的关系。有时候，这些关系通过主键和外键来定义，但这不是必需的。

在关系型数据库中，SQL 开发人员可以确定并定义表之间的关系。这使得不同的数据元素可以非常灵活地组合在一起。关系型数据库的最大优点在于，可以采用多种方式从各种表中检索数据。

让我们从一个常见的例子开始。大多数组织都有一个称为客户的商业实体。相应地，数据库中也有一张客户表，用来定义每个客户。这张表通常包括一个用于唯一识别每个客户的主键，以及任意数量的用于进一步描述客户属性的列。常见的属性可能包括电话号码、地址、城市、州等。

设计表的要点是把所有关于客户的信息都保存到一张表中，而且只储存在这张表中，这简化了数据更新任务。当客户变更电话号码时，只需要更新一张表即可。然而，这种设置也有缺点，每当有人需要找与客户相关的信息时，都必须访问客户表以检索数据。

这就为我们引入了连接（join）的概念。在分析出售的商品时，除了产品信息，也需要提供购买该商品的客户的信息。例如，分析员可能希望获取客户的邮政编码，以便进行地理分析。产品信息存储在产品表中，而邮政编码存储在客户表中。为了获得这两种信息，分析员必须将两张表连接起来，使它们的数据正确匹配。

从本质上讲，关系型数据库的特点在于能够以任何想要的方式将表连接起来。在 SQL 中经常会用到连接。本章中，我们将抛开那些仅从单张表中检索数据的示例，查看一些涉及多张表的更真实的场景。

11.1 连接两张表

在开始探索连接过程之前，让我们先回顾一下之前遇到的 Sales 表。Sales 表如表 11.1 所示。

表 11.1

SalesID	FirstName	LastName	QuantityPurchased	PricePerItem
1	Andrew	Li	4	2.50
2	Juliette	Dupont	10	1.25
3	Francine	Baxter	5	4.00

在某种程度上，前面章节对这张表的使用有些误导性。在实践中，一个称职的数据库设计者不太可能创建这张表。这张表的问题在于，它里面包含了两个独立实体的信息：客户和订单。在现实世界中，这些信息应该分到至少两张独立的表中。其中 Customers 表的可能设计如表 11.2 所示，我们在第 2 章中见过它。

表 11.2

CustomerID	FirstName	LastName
1	Amanda	Taylor
2	George	Miller
3	Rumi	Khan
4	Sofia	Flores

Orders 表的可能设计如表 11.3 所示。

表 11.3

OrderID	CustomerID	OrderDate	OrderAmount
1	1	2021-09-01	10.00
2	2	2021-09-02	12.50
3	2	2021-09-03	18.00
4	3	2021-09-15	20.00

这张 Orders 表包含了 OrderDate 列和 OrderAmount 列，而非之前 Sales 表中出现的 QuantityPurchased 列和 PricePerItem 列。现在，Sales 表中的数据被分到了两张独立的表中。Customers 表只包含客户信息；Orders 表只包含购买的商品的信息。Orders 表中的 CustomerID 列用来表明是哪个客户下的单。你可能还记得在第 1 章中我们将 CustomerID 列称为外键。

Customers 表和 Orders 表都有四行，但这仅仅是巧合。Customers 表中存在一个没有下过单的客户，就是 CustomerID 为 4 的 Sofia Flores，她没有出现在 Orders 表中。另外，George Miller 下了两个订单，相应地，Orders 表中存在两行 CustomerID 为 2

的数据。

　　尽管有了两张表，现在的场景仍然比较简单，我们忽略了很多数据。例如，Orders
表通常还包括税收信息或销售员的名字等列。另外，Orders 表实际上也可以被分成多张
表，以便订单日期等详细信息可以与出售商品的信息分开。换言之，这仍然不是一个完
全真实的例子。不过现在我们已经将信息分成了两张独立的表，足够用来学习如何用一
条 SELECT 语句从两张表中同时提取数据了。

　　在讨论 SELECT 语句之前，我们必须先解决一个额外的问题，即如何直观地展示这
两张表以及它们之间的隐含关系。之前，我们在最上面一行显示表的列名，并在后面几
行显示具体的数据。现在有多张表要处理，因此需要引入另一种可视化的表示方法。
图 11.1 为一张同时含有 Customers 表和 Orders 表的图，表名在第一行，列名在其后。这
张图就是我们通常所说的实体关系（entity-relationship diagram）图的一个简化版本。实
体（entity）指的是表，而关系指的是这些表中数据元素之间的线。这张图不用于显示详
细的数据，而用于表明数据的整体结构。

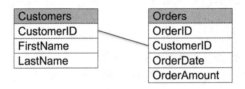

图 11.1　实体关系图

　　在图 11.1 中需要注意的是，我们在 Customers 表中的 CustomerID 和 Orders 表中的
CustomerID 之间画了一条线，用于表明它们之间的关系，即这两张表共享 CustomerID 列
中存储的值。

11.2　内连接是什么

现在可以给出一条带有内连接（inner join）的 SELECT 语句，如下。

```
SELECT *
FROM Customers
INNER JOIN Orders
ON Customers.CustomerID = Orders.CustomerID
```

让我们逐行检查这条语句。第一行中的关键字 SELECT 表明我们想要从两张表中获
取所有的列。第二行是 FROM 子句，表明我们指定的第一张表是 Customers 表。第三行
引入一个新的关键字 INNER JOIN，用于指定我们想在查询中包含的另外一张表。本例
中，我们要添加的是 Orders 表。第四行引入了关键字 ON，它与关键字 INNER JOIN 配

合工作，明确指定两张表的连接方式。在本例中，我们将 Customers 表的 Customer ID 列（Customers.CustomerID）与 Orders 表的 CustomerID 列（Orders.CustomerID）连接了起来。由于 Customers 表和 Orders 表中都有名称相同的 CustomerID 列，因此需要指定表名作为 CustomerID 列的前缀，以便区分两张不同表中的该列。

上述 SELECT 语句产生的数据如表 11.4 所示。

表 11.4

CustomerID	FirstName	LastName	OrderID	CustomerID	OrderDate	OrderAmount
1	Amanda	Taylor	1	1	2021-09-01	10.00
2	George	Miller	2	2	2021-09-02	12.50
2	George	Miller	3	2	2021-09-03	18.00
3	Rumi	Khan	4	3	2021-09-15	20.00

现在来分析表 11.4 中的结果。Customers 表和 Orders 表都有四条记录。查看 OrderID 列，可以看到这里展示了 Orders 表中的全部四行数据。然而观察 CustomerID 列，你又会注意到只展示了三个客户。这是为什么呢？答案是 CustomerID 为 4 的客户（Sofia Flores）在 Orders 表中没有数据。当通过 CustomerID 字段将两张表连接在一起时，Orders 表中没有数据与 Customers 表中 CustomerID 为 4 的行匹配。

这给我们带来了一个重要的结论，即内连接只会返回被连接的两张表之间存在匹配关系的数据。第 12 章将讨论另一种连接表的方法，其允许显示 CustomerID 为 4 的客户信息，即使该客户没有订单。

注意，George Miller 的客户数据重复了一次，但他在 Customers 表中仅有一行数据，为什么会出现两次呢？答案是关键字 INNER JOIN 展示了所有可能的匹配，这是我们的第二个重要结论。由于 George 在 Orders 表中有两行数据，这两行数据分别与 Customers 表中的第 2 行相匹配，因此导致他的客户信息显示了两次。

最后你可能想知道为什么内连接被称为内连接。实际上，有两种主要的连接方式，分别是内连接和外连接。外连接将在第 12 章中介绍。

11.3　内连接中表的顺序

内连接返回两个指定表之间相互匹配的数据。在上述 SELECT 语句中，我们在 FROM 子句中指定了 Customers 表，在 INNER JOIN 子句中指定了 Orders 表。先指定哪张表重要吗？实际上，对内连接而言，表的排列顺序无关紧要，也不会对结果产生任何影响。下面两条 SELECT 语句的逻辑是相同的，返回的数据也相同。

```
SELECT *
FROM Customers
INNER JOIN Orders
```

```
ON Customers.CustomerID = Orders.CustomerID

SELECT *
FROM Orders
INNER JOIN Customers
ON Orders.CustomerID = Customers.CustomerID
```

这两条语句唯一的区别是，第一条语句先展示 Customers 表的列，而后显示 Orders 表的列。而第二条语句先显示 Orders 表的列，而后显示 Customers 表的列。尽管两者列的顺序不同，但返回的数据内容是相同的。

请记住，SQL 不是一种过程式语言，它并不指定一个任务应该如何完成。SQL 只指定了需要的逻辑，具体任务如何完成是由数据库的内部机制决定的。同样，SQL 也不会决定数据库检索数据的物理方式，它不会定义先查看哪张表后查看哪张表。获取数据的最优解是由数据库软件决定的。

11.4　隐式内连接

在前面的例子中，我们使用关键字 INNER JOIN 和 ON 明确指定了内连接，也可以只使用 FROM 子句和 WHERE 子句来指定内连接。这是一种旧的格式，在某些情况下称为隐式（implicit）内连接。

我们已经看过以下连接 Customers 表和 Orders 表的语句。

```
SELECT *
FROM Customers
INNER JOIN Orders
ON Customers.CustomerID = Orders.CustomerID
```

另一种不使用关键字 INNER JOIN 和 ON 的隐式内连接的写法如下。

```
SELECT *
FROM Customers, Orders
WHERE Customers.CustomerID = Orders.CustomerID
```

在这种旧的格式中，我们没有使用关键字 INNER JOIN 定义要连接的表，只是在 FROM 子句中列出了要连接的所有表；也没有使用关键字 ON 来定义表之间的关系，而是通过 WHERE 子句来指定的。

尽管这种写法也能很好地工作，能产生相同的结果，但我强烈建议不要使用这种格式。使用关键字 INNER JOIN 和 ON 的优点是它们明确给出了连接的逻辑，这也是它们唯一存在的价值。虽然可以在 WHERE 子句中指定关系，但将 WHERE 子句既用于查询条件，又用于表示多表之间的关系，会在一定程度上造成混淆。此外，隐式内连接格式不能用于外连接，外连接将会在第 12 章中说明。

11.5 再谈表的别名

现在再看看前面的 SELECT 语句返回的列。因为我们指定了所有的列，所以看到了两张表中的所有列。CustomerID 列之所以出现两次，是因为两张表中都有该列。然而，在实际工作中，我们并不希望这些数据重复出现。下面是该 SELECT 语句的另一个版本，它指定了我们希望看到的列。在这个版本中，通过在关键字 FROM 和 INNER JOIN 之后插入关键字 AS 对表使用了别名——C 代表客户，O 代表订单。

```
SELECT
C.CustomerID AS 'Cust ID',
C.FirstName AS 'First Name',
C.LastName AS 'Last Name',
O.OrderID AS 'Order ID',
O.OrderDate AS 'Date',
O.OrderAmount AS 'Amount'
FROM Customers AS C
INNER JOIN Orders AS O
ON C.CustomerID = O.CustomerID
```

输出结果如表 11.5 所示。

表 11.5

Cust ID	First Name	Last Name	Order ID	Date	Amount
1	Amanda	Taylor	1	2021-09-01	10.00
2	George	Miller	2	2021-09-02	12.50
2	George	Miller	3	2021-09-03	18.00
3	Rumi	Khan	4	2021-09-15	20.00

上述 SELECT 语句只显示了 Customers 表中的 CustomerID 列，而没有显示 Orders 表中的。另外，我们使用关键字 AS 指定了列和表的别名。注意，关键字 AS 是完全可选的，该 SELECT 语句中的所有关键字 AS 都可以删除，不影响语句的有效性和返回的结果。但为了清晰起见，建议使用关键字 AS。

数据库差异：Oracle

正如在第 3 章中提到的，Oracle 不需要使用关键字 AS 指定表的别名。Oracle 中等价语句的语法如下。

```
SELECT
C.CustomerID AS "Cust ID",
C.FirstName AS "First Name",
C.LastName AS "Last Name",
O.OrderID AS "Order ID",
O.OrderDate AS "Date",
O.OrderAmount AS "Amount"
```

```
FROM Customers C
INNER JOIN Orders O
ON C.CustomerID = O.CustomerID;
```

如上所示，尽管 Oracle 使用关键字 AS 来声明列别名，但并不会用它来声明表别名（比如此例中的 C 和 O）。

11.6　小结

在查询中连接表是 SQL 的一个基本特征。没有连接，关系型数据库的用处相当有限。本章重点介绍了内连接的形式。内连接会返回被连接的两张表之间存在匹配关系的数据。此外，本章还介绍了另外一种隐式指定内连接的方法，以及使用表的别名的好处。

第 12 章将讨论另一种重要的连接类型：外连接。如前所述，内连接只允许我们查看被连接的表之间存在匹配关系的数据。如果有一个没有下单的客户，当在 Customers 表和 Orders 表之间执行内连接时，是不会看到此客户的任何信息的。外连接则允许你查看该客户信息，即使客户没有订单。换言之，外连接可以让我们看到在内连接中无法获取的数据。此外，第 12 章还将介绍连接两张以上的表的情况。

第 12 章
外连接

关键字: LEFT JOIN、RIGHT JOIN、FULL JOIN 和 CROSS JOIN

现在，我们将从内连接转向外连接。内连接的主要限制是连接的表所有项都匹配才能显示结果。如果让一张 Customers 表与一张 Orders 表相连接，那么在客户没有下单时是无法查看客户的数据的。虽然这可能看起来无关紧要，但实际上它会成为大问题。

举一个例子，假设我们有一张 Orders 表和一张 Refunds（退款）表，它们通过 OrderID 关联。换言之，所有的退款都发生在某个特定的订单中。如果订单不存在，那退款就不可能存在。当我们想要在一个查询中同时看到订单和退款时，问题就出现了。如果使用内连接连接两张表，则我们无法看到没有退款的订单。推测可知，大多数订单都没有退货。外连接则允许我们查看所有订单，即使它们没有对应的退款。因此这是一种应该被理解和使用的基本技术。

12.1 外连接是什么

第 11 章中我们看到的所有连接都是内连接。由于内连接是最常见的连接类型，因此 SQL 将其作为默认连接。只使用关键字 JOIN 即可指定一个内连接，不一定非要使用关键字 INNER JOIN。

不同于内连接，外连接有三种类型：左连接（LEFT OUTER JOIN）、右连接（RIGHT OUTER JOIN）和全连接（FULL OUTER JOIN）。它们可以简称为 LEFT JOIN、RIGHT JOIN 和 FULL JOIN。OUTER 这个词不是必需的。总结一下，有以下四种主要的连接类型。

- 内连接；
- 左连接；
- 右连接；
- 全连接。

它们可以保持语法的简洁性和一致性。本章最后还将简要介绍交叉连接（CROSS

JOIN），这种连接既不是内连接也不是外连接，而且很少被使用。

在我们的外连接示例中将使用三张表。第一张是包含所有客户信息的 Customers 表，第二张是包含所有订单数据的 Orders 表。这些都是在第 11 章中看到过的表。最后再添加一张 Refunds 表，其中包含所有已为客户退款的订单。

图 12.1 展示了这三张表的关联关系。

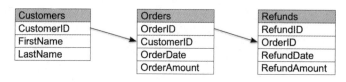

图 12.1　三张表的关联关系图

与在第 11 章看到的图相比，在图 12.1 中连接各表的线条是带箭头的。例如，从 Customers 表的 CustomerID 字段到 Orders 表的 CustomerID 字段的箭头表示从 Customers 表到 Orders 表的联系可能是单向的，即可能没有任何给定客户的订单。此外，一个客户可能有多个订单。同样，Orders 表和 Refunds 表的箭头则表明，一个给定的订单可能没有任何退款，也可能有多笔退款。

Customers 表和 Orders 表之间的连线连接了两者的 CustomerID 列，因为 CustomerID 列是两者的共同联系。同样，Orders 表和 Refunds 表的线在 OrderID 列上，则表示 OrderID 列是两张表的共同联系。

换言之，Orders 表和 Customers 表之间是通过客户关联的，存在一个订单，就一定会存在一个对应的客户。Refunds 表和 Orders 表是通过订单进行关联的，发生退款前一定有一个对应的订单。请注意，Refunds 表和 Customers 表没有直接关联。事实上，这两张表没有共享的字段。然而，通过将三张表连接在一起，我们就可以确定某笔退款是给哪个客户了。

现在让我们看看每张表的内容。Customers 表中的内容如表 12.1 所示。

表 12.1

CustomerID	FirstName	LastName
1	Amanda	Taylor
2	George	Miller
3	Rumi	Khan
4	Sofia	Flores

Orders 表中的内容如表 12.2 所示。

表 12.2

OrderID	CustomerID	OrderDate	OrderAmount
1	1	2021-09-01	10.00
2	2	2021-09-02	12.50
3	2	2021-09-03	18.00
4	3	2021-09-15	20.00

Refunds 表中的内容如表 12.3 所示。

表 12.3

RefundID	OrderID	RefundDate	RefundAmount
1	1	2021-09-02	5.00
2	3	2021-09-18	18.00

注意，四个客户中只有三个客户下过单，四个订单中只发生了两笔退款。

12.2 左连接

现在让我们创建一条 SELECT 语句，使用 LEFT JOIN 将三张表连接在一起，该语句如下。

```
SELECT
Customers.LastName AS 'Last Name',
Customers.FirstName AS 'First Name',
Orders.OrderDate AS 'Order Date',
Orders.OrderAmount AS 'Order Amt',
Refunds.RefundDate AS 'Refund Date',
Refunds.RefundAmount AS 'Refund Amt'
FROM Customers
LEFT JOIN Orders
ON Customers.CustomerID = Orders.CustomerID
LEFT JOIN Refunds
ON Orders.OrderID = Refunds.OrderID
ORDER BY Customers.LastName, Customers.FirstName, Orders.OrderDate
```

输出结果如表 12.4 所示。

表 12.4

Last Name	First Name	Order Date	Order Amt	Refund Date	Refund Amt
Flores	Sofia	NULL	NULL	NULL	NULL
Khan	Rumi	2021-09-15	20.00	NULL	NULL
Miller	George	2021-09-02	12.50	NULL	NULL
Miller	George	2021-09-03	18.00	2021-09-18	18.00
Taylor	Amanda	2021-09-01	10.00	2021-09-02	5.00

数据库差异：Oracle

不同于 SQL Server 或 MySQL，Oracle 通常使用 DD-MMM-YY 格式。例如，表 12.4 中的日期 2021-09-02 在 Oracle 中会显示为 02-SEP-21。不过，同一个数据库显示日期的具体格式也可能会有所不同，这取决于数据库的设置。

在分析上面的 SELECT 语句前，请注意数据中两个有趣的点。首先，Sofia Flores 没有展示除名字外的其他数据。存在数据缺失是因为 Orders 表中没有与该客户相关的记录。外连接的强大之处就在于，即使 Sofia Flores 没有订单，也可以看到她的一些数据。如果我们使用的是 INNER JOIN 而非 LEFT JOIN，那将不会看到 Sofia Flores 的任何记录。

同理，在 2021-09-02 和 2021-09-15 的订单中 George Miller 和 Rumi Khan 都没有退款数据。这是因为 Refunds 表中没有与这些订单相关的记录。如果我们指定了使用 INNER JOIN 而非 LEFT JOIN，就看不到这两个订单的数据。

现在来看看 SELECT 语句本身。前面几行用于指定列，这与我们之前看到的相同。我们没有使用表的别名，而是列出了所有列的全名，且使用了表名作为前缀。

列出的第一张表是 Customers 表。该表出现在关键字 FROM 的后面。第二张表是 Orders 表，它出现在第一个关键字 LEFT JOIN 之后。后续的 ON 子句指定了如何把 Orders 表连接到 Customers 表上。第三张表是 Refunds 表，它出现在第二个关键字 LEFT JOIN 之后。后边的 ON 子句指定了如何把 Refunds 表连接到 Orders 表上。

这里有非常重要的一点，即对于关键字 LEFT JOIN 来说，表的排列顺序很重要。当指定使用 LEFT JOIN 时，关键字 LEFT JOIN 左边总是主表（primary table），右边则是从表（secondary table）。当连接主表和从表时，我们希望看到主表中的所有行，即使从表中没有行与之匹配。

在第一个关键字 LEFT JOIN 的左边是 Customers 表，右边是 Orders 表。这表示 Customers 表是主表，而 Orders 表是从表。换言之，我们想看到的是 Customers 表中所有选定的数据，即使在从表中没有与之匹配的行。

类似地，在第二个关键字 LEFT JOIN 的左边是 Orders 表，右边是 Refunds 表。这意味着这个连接指定 Orders 表为主表，Refunds 表为从表。也就是说，我们想看到的是所有订单，即使有些订单没有与之匹配的退款。

与内连接一样，如果一张表和要连接的表之间有多个匹配的行，那么该表的数据中就会有重复。本例中 George Miller 有两笔订单，所以 George Miller 的客户信息会出现在两行中。

最后，我们加入了 ORDER BY 子句。这样做的目的只是以更容易理解的顺序来展示数据。

12.3　判断 NULL 值

在前面的 SELECT 语句中，我们有一个没有订单的客户和两个没有退款的订单。与 INNER JOIN 不同，LEFT JOIN 允许显示这些有缺失值的行。

为了加深我们对 LEFT JOIN 的理解，下面来看看如何只列出那些没有退款的订单。解决方案是通过添加 WHERE 子句来判断 NULL 值。示例如下。

```
SELECT
Customers.LastName AS 'Last Name',
Customers.FirstName AS 'First Name',
Orders.OrderDate AS 'Order Date',
Orders.OrderAmount AS 'Order Amt'
FROM Customers
LEFT JOIN Orders
ON Customers.CustomerID = Orders.CustomerID
LEFT JOIN Refunds
ON Orders.OrderID = Refunds.OrderID
WHERE Orders.OrderID IS NOT NULL
AND Refunds.RefundID IS NULL
ORDER BY Customers.LastName, Customers.FirstName, Orders.OrderDate
```

返回的结果如表 12.5 所示。

表 12.5

Last Name	First Name	Order Date	Order Amt
Khan	Rumi	2021-09-15	20.00
Miller	George	2021-09-02	12.50

WHERE 子句首先检查 Orders.OrderID，以确定它不为 NULL。这样做可以确保我们不会看到从未下过单的客户。WHERE 子句的第二行用于判断 Refunds.RefundID 是否为 NULL。这样做可以确保我们只会看到没有退款的订单。

请注意，我们没有在 SELECT 语句中展示 Refund Date 或者 Refund Amount 列。因为根据选择标准，这些列总是有 NULL 值。

12.4 右连接

前面的 SELECT 语句使用了关键字 LEFT JOIN。在概念上，右连接与左连接相同。它们的唯一区别是连接中两张表的排列顺序不同。

在左连接中，主表在关键字 LEFT JOIN 的左边列出。从表可能包含匹配行，也可能不包含匹配行，它在关键字 LEFT JOIN 的右边列出。

在右连接中，主表在关键字 RIGHT JOIN 的右边列出。从表在关键字 RIGHT JOIN 的左边列出。这是两种连接唯一的区别。

在前面的 SELECT 语句中，FROM 子句和连接如下所示。

```
FROM Customers
LEFT JOIN Orders
ON Customers.CustomerID = Orders.CustomerID
LEFT JOIN Refunds
ON Orders.OrderID = Refunds.OrderID
```

使用关键字 RIGHT JOIN 的等价语句如下所示。

```
FROM Refunds
RIGHT JOIN Orders
ON Orders.OrderID = Refunds.OrderID
RIGHT JOIN Customers
ON Customers.CustomerID = Orders.CustomerID
```

注意，只有关键字 RIGHT JOIN 前后列出的表的排列顺序是重要的。关键字 ON 之后的表的排列顺序没有任何意义。因此，上面的语句也等价于：

```
FROM Refunds
RIGHT JOIN Orders
ON Refunds.OrderID = Orders.OrderID
RIGHT JOIN Customers
ON Orders.CustomerID = Customers.CustomerID
```

事实上，如果你对关键字 LEFT JOIN 很熟悉，那完全没有必要使用关键字 RIGHT JOIN。任何可以用关键字 RIGHT JOIN 指定的逻辑都可以使用关键字 LEFT JOIN 指定。我们的建议是只使用关键字 LEFT JOIN，因为它更直观。因为我们习惯按照从左向右的顺序阅读，所以会很自然地认为更重要或者更主要的表应先列出来。

12.5　外连接中表的顺序

前面提到，内连接中指定的表的排列顺序不重要，但对于外连接来说并非如此，在左连接或者右连接中，表的排列顺序是重要的。在有三张及以上表的情况下，SQL 语法允许更灵活地列出表。如果需要，还可以交换关键字 LEFT JOIN 和 RIGHT JOIN 的顺序。

让我们再看看前面 SELECT 语句中原始的 FROM 子句和连接，示例语句如下。

```
FROM Customers
LEFT JOIN Orders
ON Customers.CustomerID = Orders.CustomerID
LEFT JOIN Refunds
ON Orders.OrderID = Refunds.OrderID
```

只要把写法彻底改为右连接，就可以将 Refunds 表列在前面，Customers 表列在后面，如下所示。

```
FROM Refunds
RIGHT JOIN Orders
ON Orders.OrderID = Refunds.OrderID
RIGHT JOIN Customers
ON Customers.CustomerID = Orders.CustomerID
```

是否可以按照 Customers 表、Refunds 表、Orders 表这样的顺序为各表排序呢？答案是可以。只要混用左连接和右链接，并加入一些圆括号即可。以下是与上述情况等价的语句。

```
FROM Customers
LEFT JOIN (Refunds
RIGHT JOIN Orders
ON Orders.OrderID = Refunds.OrderID)
ON Customers.CustomerID = Orders.CustomerID
```

原本简单的语句变得很复杂，这种修改毫无必要。我们展示这个逻辑只是为了说明什么是不该做的，你在审查代码时可能会遇到这种写法。我们的建议是在涉及多张表的复杂 FROM 子句中坚持使用关键字 LEFT JOIN，并避免使用括号。

12.6　全连接

除了左连接和右连接，还有一种外连接类型，称为全连接。在左连接或者右连接中，一张表是主表，另一张表是次表。或者也可以说，一张表是必需的，另一张表是可选的，这意味着匹配两张表时，次要的（或可选的）表中的行不一定要存在。

在内连接中，两张表都是主表（或必须的表）。当匹配两张表时，两张表之间必须有相应的匹配数据才能显示选中行。

在全连接中，两张表都是从表（或可选的表）。在这种情况下，如果我们匹配表 A 和表 B 中的行，那么会展示：

（1）表 A 中的所有行，即使它在表 B 中没有匹配的行。

（2）表 B 中的所有行，即使它在表 A 中没有匹配的行。

数据库差异：MySQL

不同于 SQL Server 和 Oracle，MySQL 不允许全连接。

让我们看一个例子。在这个例子中，我们要从两张表中匹配行。首先是 Movies 表，如表 12.6 所示。

表 12.6

MovieID	MovieTitle	Rating
1	Love Actually	R
2	My Man Godfrey	Not Rated
3	The Sixth Sense	PG-13
4	Vertigo	PG
5	Everyone Says I Love You	R
6	Shakespeare in Love	R
7	Finding Nemo	G

其次是 Ratings 表，其中包含美国电影协会（MPAA）的评级说明。Ratings 表如表 12.7 所示。

表 12.7

RatingID	Rating	RatingDescription
1	G	General Audiences
2	PG	Parental Guidance Suggested
3	PG-13	Parents Strongly Cautioned
6	R	Restricted
7	NC-17	Under 17 Not Admitted

Movies 表包含电影名称及 MPAA 对每一部电影的评级。Ratings 表包括评级及对评级进行的描述。假设我们想找到这两张表的所有匹配，则可以使用 FULL JOIN 显示 Movies 表中的所有行，以及 Ratings 表中的所有行。即使没有从另一张表中找到匹配的行，全连接也将显示所有记录。该 SELECT 语句如下所示。

```
SELECT
RatingDescription AS 'Rating Description',
MovieTitle AS 'Movie'
FROM Movies
FULL JOIN Ratings
ON Movies.Rating = Ratings.Rating
ORDER BY RatingDescription, MovieTitle
```

该语句的输出如表 12.8 所示。

表 12.8

Rating Description	Movie
NULL	My Man Godfrey
General Audiences	Finding Nemo
Parental Guidance Suggested	Vertigo
Parents Strongly Cautioned	The Sixth Sense
Restricted	Everyone Says I Love You
Restricted	Shakespeare in Love
Under 17 Not Admitted	NULL

请注意，表 12.8 中有两个 NULL 单元格，这是使用 FULL JOIN 造成的直接后果。第一个 NULL 的出现，是因为 My Man Godfrey 没有评级信息，即在 Ratings 表中没有找到匹配的行。在第二个 NULL 的出现，是因为 Under 17 Not Admitted 这个评级描述没有对应的电影，即在 Movies 表中没有匹配该评级的行。

在上述语句中，我们没有使用表的别名，也没有在 columnlist 中指定表的名称。例如，我们列出了 MovieTitle 列，但没有使用全名（Movies.MovieTitle）。这是因为这些列只存在于一张表中，所以在仅指定列名而不指定表名的情况下并不会产生混淆。

在实践中很少使用 FULL JOIN，原因很简单，因为这种类型的表关系相对少见。从本质上讲，全连接展示了两张表双向之间都没能匹配的数据，但我们通常只对两张表之间完全匹配（内连接）的数据或单向匹配（左连接或右连接）的数据感兴趣。

12.7　交叉连接

本章讨论的最后一种连接类型是交叉连接，它既不是内连接，也不是外连接。实际上，交叉连接是一种用于连接没有声明任何联系的两张表的方式。因为没有表明关系，所以交叉连接会生成表之间每一行的各种组合。从技术角度讲，这称为笛卡儿积（Cartesian product）。如果第一张表有 3 行，第二张表有 4 行，这两张表使用交叉连接得到的结果共12 行。这种连接很难理解，所以在实际中很少使用。

了解了上述知识后，让我们看一下交叉连接的两个例子。在第一个例子中，假设我们是一家衬衫制造商，要生产 3 种尺寸和 4 种颜色的衬衫。SizeInventory 表保存了所有可用的尺寸，如表 12.9 所示。

表 12.9

SizeID	Size
1	Small
2	Medium
3	Large

ColorInventory 表列出了所有可用的颜色，如表 12.10 所示。

表 12.10

ColorID	Color
1	Red
2	Blue
3	Green
4	Yellow

若想确定生产的所有衬衫尺寸和颜色的可能组合，则可以使用交叉连接，SELECT语句如下所示。

```
SELECT
Size,
Color
FROM SizeInventory
CROSS JOIN ColorInventory
ORDER BY Size, Color
```

返回的结果如表 12.11 所示。

表 12.11

Size	Color
Large	Blue
Large	Green
Large	Red
Large	Yellow
Medium	Blue
Medium	Green
Medium	Red
Medium	Yellow
Small	Blue
Small	Green
Small	Red
Small	Yellow

正如你所看到的，交叉连接生成了两张表中每一行的各种组合。注意，在交叉连接中没有关键字 ON。这是因为两张表之间没有指定关联关系。它们没有共同的列，两张表中的数据是相互独立的。

有趣的是，交叉连接也可以使用第 11 章中讨论的隐式内部连接格式来指定。也就是说，可以在 FROM 子句中列出两张表，而无须使用关键字 CROSS JOIN 表示交叉连接。下面的 SELECT 语句等同于前面的 CROSS JOIN 语句，它们会产生相同的输出结果。

```
SELECT
Size,
Color
FROM SizeInventory, ColorInventory
ORDER BY Size, Color
```

上一个交叉连接例子代表的情况不太常见。接下来的这个例子展示了交叉连接一种较常见的用途。在这个例子中，设想我们只有一张特殊的表，该表只有一行关键信息数据。因为只有一行数据，所以对该表进行交叉连接不会增加结果中的行数。为了说明这一点，我们将使用 SpecialDates 表（见表 12.12），该表包含与组织相关的日期。

表 12.12

LastProcessDate	CurrentFiscalYear	CurrentFiscalQuarter
2021-09-15	2021	03

在这种情况下，我们想从本章前面看到的 Orders 表中选择数据。你可能记得，Orders 表包含 4 个日期在 2021-09-01 到 2021-09-15 之间的订单。然而，我们只想在 Orders 表中查看 OrderDate 等于 SpecialDates 表中 LastProcessDate 的数据。LastProcessDate 是一个经常变化的日期，它是指系统中处理的最后一组数据的日期。假设存在某种原因导致 LastProcessDate 滞后，那么它有可能不是当前的日期。在这种情况下，使用交叉连接可

以实现上述目标，示例语句如下。

```
SELECT
OrderID AS 'Order ID',
OrderDate AS 'Date',
OrderAmount AS 'Amount'
FROM Orders
CROSS JOIN SpecialDates
WHERE OrderDate = LastProcessDate
```

输出如表 12.13 所示。

表 12.13

Order ID	Date	Amount
4	2021-09-15	20.00

Orders 表只展示了一行数据，这是因为我们在查询逻辑中使用了 SpecialDates 表的 LastProcessDate。注意，因为 SpecialDates 表只有一行，所以对这张表进行交叉连接没有损害，并不会影响展示出的行数。

12.8 小结

本章将对连接的讨论拓展到了外连接。左连接让分析者能够将主表和从表连接在一起，主表中的所有记录都会被展示出来，即使从表中没有与之匹配的记录。右连接恰好是左连接的反转，它交换了主表和从表的顺序。在全连接中两张表都是从表。即使在另一张表中没有与这张表匹配的记录，全连接也会显示其中一张表的全部记录。最后介绍了交叉连接，这是一种很少使用的连接类型，用于显示两张表中所有行的组合。在交叉连接中不会体现表的关系（如果存在）。

第 13 章将花些时间讨论两个与连接相关的主题。首先讨论自连接，这是一种允许表连接到自身的特殊技术，即创建一张表的虚拟视图，也就是说，我们可以从两个不同的角度来看这张表。然后进一步扩展自连接的概念，并创建多张表的虚拟视图。

第 13 章
自连接和视图

关键字：CREATE VIEW、ALTER VIEW 和 DROP VIEW

在第 11 章和第 12 章中，内连接和外连接通过多种方法将多张表中的数据结合起来。之前我们一直假设数据存在于数据库的物理表中，现在介绍两种能让我们以一种更虚拟的方式查看数据的技术。第一种技术是自连接（self join），该连接允许分析人员将一张表连接到它本身，即允许我们两次引用同一张表，如同它们是两张独立的表一样。实际上，自连接会创建一张表的虚拟视图，该虚拟视图可以被多次使用。第二种技术是数据库视图，这是一个有用的概念，能让我们随意创建新的虚拟表。

13.1 自连接是什么

自连接允许我们将一张表连接到它本身，其最常见的用途是处理自引用表。自引用表是指表中某些列指向同一张表的其他列。这种关系的一个常见例子是包含员工信息的表。

在接下来的例子中，Personnel 表的每一行都有一列指向该表的另一行，用于表示员工与经理的关系。这有点类似外键的概念。两者主要区别在于，外键指向另一张表的某一列，而本例中指向的是同一张表的另一列。

Personnel 表的数据如表 13.1 所示。

该表中的每一行数据对应一个员工。ManagerID 列表明员工应该向哪个经理汇报，其中的值与 EmployeeID 列中的值相对应。例如，Li Wang 行的 ManagerID 为 1，表明他的经理是 EmployeeID 为 1 的 Susan Carter。

从表 13.1 可以看到，有三个人向 Susan Carter 汇报，分别是 Li Wang、Charles Pike 和 Scott Ferguson。注意，Susan Carter 行的 ManagerID 列没有任何数值。这表明她是公司的负责人，所以没有上级经理。

表 13.1

EmployeeID	EmployeeName	ManagerID
1	Susan Carter	NULL
2	Li Wang	1
3	Charles Pike	1
4	Scott Ferguson	1
5	Clara Novak	2
6	Janet Brown	2
7	Jules Moreau	3
8	Amy Adamson	4
9	Jaideep Singh	4
10	Amelia Williams	5

现在，假设我们想列出所有的员工，并展示每个员工所要汇报的经理姓名。为此，创建一张 Personnel 表与自己的自连接。自连接必须与表的别名配合使用，用以区分表的多个实例。我们给 Personnel 表的第一个实例赋予别名 Employees，给第二个实例赋予别名 Manager。SQL 语句如下。

```
SELECT
Employees.EmployeeName AS 'Employee Name',
Managers.EmployeeName AS 'Manager Name'
FROM Personnel AS Employees
INNER JOIN Personnel AS Managers
ON Employees.ManagerID = Managers.EmployeeID
ORDER BY Employees.EmployeeName
```

输出结果如表 13.2 所示。

表 13.2

Employee Name	Manager Name
Amelia Williams	Clara Novak
Amy Adamson	Scott Ferguson
Charles Pike	Susan Carter
Clara Novak	Li Wang
Jaideep Singh	Scott Ferguson
Janet Brown	Li Wang
Jules Moreau	Charles Pike
Li Wang	Susan Carter
Scott Ferguson	Susan Carter

这条 SELECT 语句的关键是连接中的 ON 子句。为了使自连接正确工作，我们必须使用 ON 子句来为 Personnel 表的 Employees 视图的 ManagerID 列与该表的 Manager 视图的 EmployeeID 列建立关系。换言之，被指定的经理也是一名员工。

注意，Susan Carter 没有作为一名员工出现在前面的结果中。这是因为我们在语句中使用了内连接。因为她没有经理，所以与 Manager 视图没有相应的匹配内容。如果想将 Susan Carter 显示在内，需要将内连接修改为外连接。新的语句如下。

```
SELECT
Employees.EmployeeName AS 'Employee Name',
Managers.EmployeeName AS 'Manager Name'
FROM Personnel AS Employees
LEFT JOIN Personnel AS Managers
ON Employees.ManagerID = Managers.EmployeeID
ORDER BY Employees.EmployeeName
```

检索到的数据如表 13.3 所示。

表 13.3

Employee Name	Manager Name
Amelia Williams	Clara Novak
Amy Adamson	Scott Ferguson
Charles Pike	Susan Carter
Clara Novak	Li Wang
Jaideep Singh	Scott Ferguson
Janet Brown	Li Wang
Jules Moreau	Charles Pike
Li Wang	Susan Carter
Scott Ferguson	Susan Carter
Susan Carter	NULL

现在可以看到 Susan Carter 已作为一名员工列出，Manager Name 列的值为 NULL，表明她没有经理。

13.2　创建视图

自连接允许我们创建一张表的多个视图。现在在此概念的基础上进行扩展，为任意表或者表的组合创建新的视图。

视图被保存在了数据库的 SELECT 语句中。视图被保存后，就可以像数据库的表一样被引用了。数据库中的真实表包含物理数据，而视图不包含数据，但可以像一个有数据的真实表一样操作。

视图可以被视为虚拟表。视图是持久的而非临时的，创建后可以被持续引用，直到被删除。

你可能会疑惑为什么需要视图，本章的后面将讨论它的好处。现在先给出一个简单的回答，视图为数据的访问方式提供了更多的灵活性。无论数据库运行了几天还是几年，数据都是以非常具体的形式存储在数据库中的。随着时间的推移，对这些数据的访问要求也会发生变化，但为了满足需求而重新组织表绝非易事。视图的最大好处就在于，它允许分析员为数据库中已存在的数据创建新的虚拟视图。视图等价于一张新的表，无须在物理层面上重新组织数据。可以说，视图提供了动态设计数据库的功能，能够使其始终适应当前的需求。

视图在数据库中是如何存储的呢？所有的关系型数据库都是由几种不同的对象类型组成的，其中最重要的对象类型就是表。除表之外，大多数数据库管理软件还允许用户保存任意数量的其他对象类型，其中最常见的是视图和存储过程。除以上提到的对象类型外，数据库还包含很多其他对象类型，比如函数和触发器。

SQL 提供了关键字 CREATE VIEW 用于创建新的视图。其语法示例如下。

```
CREATE VIEW ViewName AS
SelectStatement
```

创建视图后，使用 ViewName 引用 SelectStatement 所返回的数据。我们在第 12 章中曾经见到过以下 SELECT 语句。

```
SELECT
Customers.LastName AS 'Last Name',
Customers.FirstName AS 'First Name',
Orders.OrderDate AS 'Order Date',
Orders.OrderAmount AS 'Order Amt',
Refunds.RefundDate AS 'Refund Date',
Refunds.RefundAmount AS 'Refund Amt'
FROM Customers
LEFT JOIN Orders
ON Customers.CustomerID = Orders.CustomerID
LEFT JOIN Refunds
ON Orders.OrderID = Refunds.OrderID
ORDER BY Customers.LastName, Customers.FirstName, Orders.OrderDate
```

该语句返回的数据如表 13.4 所示。

表 13.4

Last Name	First Name	Order Date	Order Amt	Refund Date	Refund Amt
Flores	Sofia	NULL	NULL	NULL	NULL
Khan	Rumi	2021-09-15	20.00	NULL	NULL
Miller	George	2021-09-02	12.50	NULL	NULL
Miller	George	2021-09-03	18.00	2021-09-18	18.00
Taylor	Amanda	2021-09-01	10.00	2021-09-02	5.00

只需要将该 SELECT 语句放在 CREATE VIEW 语句中，就可以将其设置为视图，示例语句如下。

```
CREATE VIEW CustomersOrdersRefunds AS
SELECT
```

```
Customers.LastName AS 'Last Name',
Customers.FirstName AS 'First Name',
Orders.OrderDate AS 'Order Date',
Orders.OrderAmount AS 'Order Amt',
Refunds.RefundDate AS 'Refund Date',
Refunds.RefundAmount AS 'Refund Amt'
FROM Customers
LEFT JOIN Orders
ON Customers.CustomerID = Orders.CustomerID
LEFT JOIN Refunds
ON Orders.OrderID = Refunds.OrderID
```

与原始的 SELECT 语句相比，CREATE VIEW 语句中的 SELECT 语句缺少了 ORDER BY 子句。这是因为视图不是作为物理数据存储的，所以没理由在视图中包含 ORDER BY 子句。

13.3　引用视图

执行前面的 CREATE VIEW 语句时，创建了一个名为 CustomsOrdersRefunds 的视图。创建视图并不会返回任何数据，只是定义了一个视图供日后使用。如果要使用该视图返回与前面一样的结果，则需要执行以下这条 SELECT 语句。

```
SELECT *
FROM CustomersOrdersRefunds
```

检索结果如表 13.5 所示。

表 13.5

Last Name	First Name	Order Date	Order Amt	Refund Date	Refund Amt
Taylor	Amanda	2021-09-01	10.00	2021-09-02	5.00
Miller	George	2021-09-02	12.50	NULL	NULL
Miller	George	2021-09-03	18.00	2021-09-18	18.00
Khan	Rumi	2021-09-15	20.00	NULL	NULL
Flores	Sofia	NULL	NULL	NULL	NULL

注意，这里结果中的数据显示顺序与第 13.2 节中的不同。这是因为视图并不包含 ORDER BY 子句，所以数据是按照它们在数据库中的物理存储顺序返回的。这个问题很容易修正，在 SELECT 语句中添加 ORDER BY 子句即可，语句如下所示。

```
SELECT *
FROM CustomersOrdersRefunds
ORDER BY [Last Name], [First Name], [Order Date]
```

现在，数据将按照预期的顺序返回。请记住，视图中的列必须通过创建视图时指定的列别名来引用，而不是原始的列名。在本例中，CustomsOrdersRefunds 视图为 Customs 表的 LastName 列赋予了别名 Last Name。因此，在 ORDER BY 子句中也要引用该别名。正如第 2 章中所提到的，为了正确解释列名中的空格，我们需要为 ORDER BY 子句中的列名加上方括号。

> **数据库差异：MySQL 和 Oracle**
> MySQL 和 Oracle 使用不同的字符将含有空格的列名括起来。MySQL 使用重音符(`)，Oracle 使用双引号（"）。

创建视图后，就可以像数据库中的表一样使用和引用视图了。例如，我们可能只想查看视图中的几个指定列，并只选择一个特定的客户，为此可以执行以下 SELECT 语句。

```
SELECT
[Last Name],
[First Name],
[Order Date]
FROM CustomersOrdersRefunds
WHERE [Last Name] = 'Miller'
```

输出如表 13.6 所示。

表 13.6

Last Name	First Name	Order Date
Miller	George	2021-09-02
Miller	George	2021-09-03

如之前提到的，在上述语句中需要为每个包含空格的列名加上方括号。

13.4　视图的优点

前面的例子说明了使用视图的一个主要好处，即可以像表一样被引用视图。即使视图引用了多张连接在一起的表，在逻辑上也可以将其视为一张简单的表。

使用视图的优点总结如下。

- **视图可以降低复杂度**。首先，视图可以用来简化异常复杂的 SELECT 语句。例如，如果你写了一条将 6 张表连接在一起的 SELECT 语句，那么在 2 张到 3 张表之间创建视图可能会很有用。你可以在 SELECT 语句中引用这些视图，与最初的语句相比，其复杂性会大大降低。
- **视图可以增加可复用性**。如果有 3 张表总是被连接在一起，那么可以为这几张表创建一个视图。之后你就可以简单地引用一个预定义的视图，而不必每次查询时都连接这 3 张表。

- **视图可以正确地格式化数据**。如果数据库中列的格式不正确，那么可以使用 CAST 等函数将该列精确地转换为想要的格式。例如，在数据库中有一个日期列按照 YYMMDD 的格式存储为整数。用户可能想以日期/时间列的形式来查看这个数据，因为这样就可以像真实的日期一样显示和操作它。为此，可以为表创建一个视图，在视图中将该列转换为恰当的格式，在此之后引用该视图而非该表。

- **视图可以创建计算列**。假设一张表有 2 列，分别是物品的数量和单价，最终用户可能对总价更感兴趣，总价是通过将上述列相乘而得到的。那么可以为原表创建一个视图，并在其中包含对应的计算列。之后用户就可以引用该视图并使用计算结果了。

- **视图可用于重命名列名**。如果数据库中有隐晦的列名，那么可以创建一个带有列的别名的视图，将列名转换为更具可读性的名字。

- **视图可以创建数据子集**。例如，假设数据库中有一张包含所有客户信息的表。数据库的大多数用户只想看上一年下过单的客户，那么可以创建一个包含所需数据子集的视图来解决这个问题。

- **视图可以用来加强安全限制**。有时候，你希望某些用户只能访问某些表的某些列。对此，也可以为这些用户创建表的视图，然后利用数据库的安全功能授予这些用户对视图的访问权，同时限制他们对底层表的访问权。

13.5 修改和删除视图

使用 ALTER VIEW 语句可以轻松地修改已创建的视图。语法示例如下：

```
ALTER VIEW ViewName AS
SelectStatement
```

修改视图时，必须重新指定视图所包含的整个 SELECT 语句。视图中最初的 SELECT 语句会被新的语句取代。例如，最初用下列语句创建了一个视图。

```
CREATE VIEW CustomersView AS
SELECT
FirstName AS 'First Name',
LastName as 'Last Name'
FROM Customers
```

要向视图中添加一个新的 CustomerID 列，需要执行以下语句。

```
ALTER VIEW CustomersView AS
SELECT
FirstName AS 'First Name',
```

```
LastName AS 'Last Name',
CustomerID AS 'Cust ID'
FROM Customers
```

再次强调，创建或修改视图并不会返回任何数据，只是创建或修改了视图的定义。

数据库差异：Oracle

不同于 SQL Server 和 MySQL，Oracle 中 ALTER VIEW 命令的限制更多。为了在 Oracle 中实现上述 ALTER VIEW 命令的功能，必须先执行 DROP VIEW 命令再执行 CREATE VIEW 命令，并用新的定义创建视图。

DROP VIEW 语句用于删除已创建的视图。其语法如下。

```
DROP VIEW ViewName
```

要删除之前创建的 CustomersView 视图，可以执行下列语句。

```
DROP VIEW CustomersView
```

13.6 小结

自连接和视图是使用虚拟方式查看数据的两种不同方式。自连接允许分析员将表连接到自身。自引用表是指表中的某一列可以连接到同一张表的另一列。自连接对于自引用性质的数据而言很有用。

数据库视图要灵活得多。基本上，任何 SELECT 语句都可以被保存为视图，然后像物理表一样被引用。与表不同，视图不包含任何数据，视图只是一个定义了现有表中数据的虚拟视图。视图有多种功能，包括降低复杂度、重新格式化数据等。创建视图后，可以通过 ALTER VIEW 和 DROP VIEW 语句修改和删除视图。

第 14 章将回到与之前讨论的如何将表连接在一起的主题。子查询提供了一种在不明确使用内连接或外连接的情况下让表相互连接的方法。由于子查询的结构和使用方法多种多样，因此查询可能是本书中最难的主题。然而，理解了子查询后，收益也是巨大的。子查询的使用是高度灵活的，为设计查询语句提供了创造性。

第 14 章
子查询

关键字： EXISTS、WITH

在第 4 章中介绍了复合函数，即包含其他函数的函数。同样，SQL 查询也可以包含其他查询。其中被包含的查询称为子查询。

子查询有些复杂，主要是因为它的使用方法太多。子查询可以放在 SELECT 语句的不同部分，放在不同部分时子查询存在细微的差别和不同的需求。此外，作为包含在另一个查询中的查询，子查询可以与主查询相互关联并依赖于主查询，也可以完全独立于主查询。这种区别也导致了使用子查询时存在不同的规范。

无论怎样使用子查询，都可以为编写 SQL 查询增加灵活性。子查询提供的功能经常也可以通过其他方式完成。在这种情况下，主要依靠个人偏好来决定是否使用子查询相关解决方案。然而，正如你将要看到的，在某些情况下，要完成手头的任务，子查询是必不可少的。

下面让我们从子查询的基本类型开始讨论。

14.1 子查询的类型

子查询不仅可以用在 SELECT 语句中，还可以用在 INSERT、UPDATE 和 DELETE 语句中，这些语句将在第 17 章介绍。本章只讨论 SELECT 语句中的子查询。

之前看过的 SELECT 语句的一般格式如下：

```
SELECT columnlist
FROM tablelist
WHERE condition
GROUP BY columnlist
HAVING condition
ORDER BY columnlist
```

子查询几乎可以插入 SELECT 语句的任何子句中，但声明和使用子查询的方式略有不同，这取决于子查询是用在 tablelist、condition 中还是 columnlist 中。

那么，子查询到底是什么呢？简单来说，子查询就是在一条 SELECT 语句中插入的另一条 SQL 语句。子查询返回的结果用于整个 SQL 查询的上下文中。一条 SQL 语句可以有多个子查询。可以通过三种不同的方式指定子查询，总结如下。

- 当子查询是 tablelist 的一部分时，它指定了一个数据源。这适用于子查询是 FROM 子句的一部分时；
- 当子查询是 condition 的一部分时，它是查询条件的一部分。这适用于子查询是 WHERE 子句或者 HAVING 子句的一部分时；
- 当子查询是 columnlist 的一部分时，可以创建一个单独的计算列。这适用于子查询是 SELECT、GROUP BY 或 ORDER BY 子句的一部分时。

本章剩余部分将详细介绍这三种情况。

14.2 使用子查询作为数据源

当子查询被指定为 FROM 子句的一部分时，会立即创建一个新的数据源。这与创建一个视图，然后在 SELECT 中引用该视图的概念类似。唯一的区别是，视图会被永久地保存在数据库中，而作为数据源的子查询不会。子查询只是作为 SELECT 语句的一部分暂时存在。尽管如此，仍然可以把 FROM 子句中的子查询当作一种虚拟视图。

让我们思考一个例子，该例展示如何使用子查询作为数据源。假设有一张如表 14.1 所示的 Users 表。

表 14.1

UserID	UserName
1	Ginger Ortiz
2	Todd Sherman
3	Machiko Tamura
4	Connie Pinsky

此外还将引用一张如表 14.2 所示的 Transactions 表，该表通过 UserID 与 Users 表关联。

表 14.2

TransactionID	UserID	TransactionDate	TransactionAmount	TransactionType
1	1	2021-10-11	22.50	Cash
2	2	2021-10-12	11.50	Credit
3	2	2021-10-15	5.00	Credit
4	2	2021-10-16	6.00	Cash
5	3	2021-10-16	7.00	Credit
6	3	2021-10-17	11.00	Credit

这些数据与前几章中看到过的 Customers 表和 Orders 表中的数据类似。Users 表类似于 Customers 表，只是把名字和姓氏合并为一列了。Transactions 表和 Orders 表类似，只是增加了 TransactionType 列，用于表明交易方式是现金还是信用卡。

首先，我们希望看到用户的列表，以及他们所进行的现金交易的总和。完成这个任务的 SELECT 语句如下所示。

```
SELECT
UserName AS 'User Name',
ISNULL(CashTransactions.TotalCash, 0) AS 'Total Cash'
FROM Users
LEFT JOIN

(SELECT
UserID,
SUM(TransactionAmount) AS 'TotalCash'
FROM Transactions
WHERE TransactionType = 'Cash'
GROUP BY UserID) AS CashTransactions

ON Users.UserID = CashTransactions.UserID
ORDER BY Users.UserID
```

子查询的上方和下方都插入了空格，以便与语句的其他部分明确分开。子查询是这条语句的中间部分。其运行结果如表 14.3 所示。

表 14.3

User Name	Total Cash
Ginger Ortiz	22.50
Todd Sherman	6.00
Machiko Tamura	0
Connie Pinsky	0

Connie Pinsky 没有现金交易，因为她根本没有进行任何交易。虽然 Machiko Tamura 有两笔交易，但都是信用卡交易，所以也没有显示现金交易。注意，ISNULL 函数将原本应该显示在 Machiko 和 Connie 上的 NULL 值转换为了 0。

现在让我们来分析子查询是如何工作的。上述语句中的子查询如下所示。

```
SELECT
UserID,
SUM(TransactionAmount) AS 'TotalCash'
FROM Transactions
WHERE TransactionType = 'Cash'
GROUP BY UserID
```

上面的主 SELECT 语句的一般形式如下。

```
SELECT
UserName AS 'User Name'
```

```
ISNULL(CashTransactions.TotalCash, 0) AS 'Total Cash'
FROM Users
LEFT JOIN (subquery) AS CashTransactions
ON Users.UserID = CashTransactions.UserID
ORDER BY Users.UserID
```

如果单独执行子查询，其运行结果如表 14.4 所示。

表 14.4

UserID	TotalCash
1	22.50
2	6.00

我们只看到 UserID 为 1 和 2 的数据。子查询中的 WHERE 子句实现了只查看现金订单的需求。

整个子查询像单独的表或视图一样被引用。注意，子查询被赋予了一个表别名 CashTransactions，这使得子查询中的列可以在主 SELECT 语句中被引用。因此，主 SELECT 语句中的下面这一行引用了子查询中的数据。

```
ISNULL(CashTransactions.TotalCash, 0) AS 'Total Cash'
```

CashTransactions.TotalCash 是子查询中的一列。

你可能想问，真的有必要使用子查询来获得所需的数据吗？在本例中，答案是肯定的。我们可以尝试通过 LEFT JOIN 简单地连接 Users 表和 Transactions 表，语句如下所示。

```
SELECT
UserName AS 'User Name',
SUM(TransactionAmount) AS 'Total Cash Transactions'
FROM Users
LEFT JOIN Transactions
ON Users.UserID = Transactions.UserID
WHERE TransactionType = 'Cash'
GROUP BY Users.UserID, Users.UserName
ORDER BY Users.UserID
```

然而，这条语句生成的数据如表 14.5 所示。

表 14.5

User Name	Total Cash
Ginger Ortiz	22.50
Todd Sherman	6.00

我们不会再看到 Machiko Tamura 或 Connie Pinsky 的任何记录，因为排除现金交易的 WHERE 子句现在是在主查询中而非子查询中，所以不会看到没有通过现金交易的用户的任何行。

14.3 在查询条件中使用子查询

第 7 章介绍了 IN 运算符的第一种格式。我们曾经用过的例子是:

```
WHERE State IN ('IL', 'NY')
```

在这种格式中,IN 运算符简单地在括号中列出了多个值。现在介绍 IN 运算符的第二种格式,即在括号中插入整条 SELECT 语句,例如,可以通过下列语句指定一个州的列表。

```
WHERE State IN
(SELECT
States
FROM StateTable
WHERE Region = 'Midwest')
```

这种格式不是列出每个州,而是允许通过更复杂的逻辑来创建州的动态列表。

下面通过前面提到过的 Users 表和 Transactions 表来说明。假设我们想要检索曾用现金支付过的用户的列表,那么完成该任务的 SELECT 语句如下所示。

```
SELECT UserName AS 'User Name'
FROM Users
WHERE UserID IN
(SELECT UserID
FROM Transactions
WHERE TransactionType = 'Cash')
```

返回的结果如表 14.6 所示。

表 14.6

User Name
Ginger Ortiz
Todd Sherman

Machiko Tamura 不在列表中,这是因为虽然她有交易,但没有现金交易。请注意,子查询的 SELECT 语句完全存在于关键字 IN 的括号中。在子查询的 columnlist 中仅有 UserID 列。这是必需的,因为我们需要通过这个子查询获得等价于值列表的结果。还要注意的是,UserID 列是用来连接两个查询的。尽管展示的是 UserName,但我们使用 UserID 来定义 Users 表和 Transactions 表之间的关系。

同样,我们可以再想一想有没有必要使用子查询,这次的回答是没有必要。下面是一条返回相同数据的等效查询语句。

```
SELECT UserName AS 'User Name'
FROM Users
```

```
INNER JOIN Transactions
ON Users.UserID = Transactions.UserID
WHERE TransactionType = 'Cash'
GROUP BY Users.UserName
```

这里没有使用子查询，而是直接连接了 Users 表和 Transactions 表，但用到了 GROUP BY 子句，该子句用来确保只为每个用户返回一条记录。

14.4 关联子查询

到目前为止，我们看到的子查询都是非关联子查询。一般来说，所有的子查询都可以分为关联（correlated）子查询和非关联（uncorrelated）子查询。这两个术语描述了子查询是否与包含它的父查询相关，如果不相关，则为非关联子查询。当子查询不相关时，意味着它是完全独立于父语句执行的。非关联子查询作为完整的 SELECT 语句的一部分，只会被执行一次。非关联子查询可以独立存在。可以把非关联子查询作为一个单独的查询执行。

相反，关联子查询与父查询是具体关联的。由于存在明确的关系，因此关联子查询必须对返回的每一行数据进行计算，并且可能每次执行子查询的结果都不相同。不能单独执行关联子查询，因为查询中存在某些依赖父查询的元素。

用一个例子来解释这个问题。回到 Users 表和 Transactions 表，假设想得到一个交易总额小于 20 美元的用户列表，可以完成这一要求的语句如下。

```
SELECT
UserName AS 'User Name'
FROM Users
WHERE
(SELECT
SUM(TransactionAmount)
FROM Transactions
WHERE Users.UserID = Transactions.UserID)
< 20
```

输出结果如表 14.7 所示。

表 14.7

User Name
Machiko Tamura

为什么这个子查询是关联子查询而不是非关联子查询呢？答案就在这个子查询本身，该子查询语句如下。

```
SELECT
SUM(TransactionAmount)
```

```
FROM Transactions
WHERE Users.UserID = Transactions.UserID
```

之所以这个子查询是关联子查询，是因为它不能单独执行。单独执行子查询会报错，因为子查询的 WHERE 子句中的 Users.UserID 列在子查询的上下文中并不存在。查看整个 SELECT 语句的一般格式能够帮助我们理解。

```
SELECT
UserName AS 'User Name'
FROM Users
WHERE
SubqueryResult < 20
```

该子查询返回了一个带有单一值的 columnlist，我们将其称为 SubqueryResult。作为一个关联子查询，它必须对每个用户进行计算。另外，注意这种类型的子查询只能返回单行和单个值。如果涉及多行或多个值，那么 SubqueryResult 不能被顺利计算。

与之前一样，你可能还是会问，是否有必要使用子查询。答案还是没必要。以下是一条生成相同结果的等价 SQL 语句。

```
SELECT
UserName AS 'User Name'
FROM Users
LEFT JOIN Transactions
ON Users.UserID = Transactions.UserID
GROUP BY Users.UserID, Users.UserName
HAVING SUM(TransactionAmount) < 20
```

但是请注意，没有子查询的等价语句需要使用 GROUP BY 子句和 HAVING 子句。GROUP BY 子句用于将用户分组，HAVIHG 子句用于强制用户组的交易额小于 20 美元。

延伸：移动平均数

关联子查询可以用来计算一组数据的移动平均数，这里使用本章中的 Transactions 表进行说明。我们想计算每一行的 Transaction Amount 在当天、前一天或后一天这三天中的平均值，该任务可以通过以下 SELECT 语句完成。

```
SELECT
A.TransactionDate,
A.TransactionAmount,
(SELECT
SUM (B.TransactionAmount) / COUNT(B.TransactionAmount)
FROM Transactions AS B
WHERE DATEDIFF(day, A.TransactionDate, B.TransactionDate)
BETWEEN -1 AND 1)
AS 'Moving Average'
FROM TRANSACTIONS AS A
ORDER BY A.TransactionDate
```

该语句的输出结果如表 14.8 所示。

表 14.8

TransactionDate	TransactionAmount	Moving Average
2021-10-11	22.50	17.00
2921-10-12	11.50	17.00
2021-10-15	5.00	6.00
2021-10-16	6.00	7.25
2021-10-16	7.00	7.25
2021-10-17	11.00	8.00

要理解这个查询是如何工作的，需要把注意力集中在子查询上，子查询语句如下。

```
(SELECT
SUM (B.TransactionAmount) / COUNT(B.TransactionAmount)
FROM Transactions AS B
WHERE DATEDIFF(day, A.TransactionDate, B.TransactionDate)
BETWEEN -1 AND 1)
```

这是一个关联子查询，因为它引用了父查询中的数据，不能被单独执行。注意，表的别名是用来区分父查询中的 Transactions 表（别名为 A）和子查询中的 Transactions 表（别名为 B）的。在子查询中，我们使用 DATEDIFF 函数计算 A.TransactionDate 和 B.TransactionDate 之间间隔的天数。BETWEEN 操作符用来确保子查询只选中在交易日前一天和之后一天这个范围内的行。这些行的平均值通过用这些行的 SUM 值除以这些行的 COUNT 得到，这些平均值就是移动平均数。

14.5 EXISTS 运算符

与关联子查询相关的另一项技术是利用特殊运算符 EXISTS。这个运算符用于确定关联子查询中是否存在数据。假设你想要确定哪些用户发生了交易，那么可以使用包含 EXISTS 运算符的如下语句来实现。

```
SELECT
UserName AS 'User Name'
FROM Users
WHERE EXISTS
(SELECT *
FROM Transactions
WHERE Users.UserID = Transactions.UserID)
```

返回的数据如表 14.9 所示。

表 14.9

User Name
Ginger Ortiz
Todd Sherman
Machiko Tamura

这是一个关联子查询，因为它不能在不引用主查询的情况下单独执行。如果关联子查询中的 SELECT 语句返回了任何数据，则上述语句中的关键字 EXISTS 的计算结果为真。注意，子查询选取了所有列（SELECT *），因为子查询并不关心选择哪些列，只对子查询中存在数据与否这个问题感兴趣，所以我们简单地使用星号返回所有列。该关联子查询的结果返回了除 Connie Pinsky 外的所有用户，Connie Pinsky 没有出现的原因是没有进行交易。

与前面一样，这个语句的逻辑也可以通过其他方式表达。下面是使用带有 IN 操作符的子查询获得同样结果的语句。

```
SELECT
UserName AS 'User Name'
FROM Users
WHERE UserID IN
(SELECT UserID
FROM Transactions)
```

以上这条语句可能更容易理解。

不使用子查询而检索到相同数据的另一条语句如下。

```
SELECT
UserName AS 'User Name'
FROM Users
INNER JOIN Transactions
ON Users.UserID = Transactions.UserID
GROUP BY UserName
```

在这条语句中，INNER JOIN 强制要求用户必须同时存在于 Transactions 表中。另外请注意，该查询使用 GROUP BY 子句来避免每个用户返回多行数据。

14.6　以子查询作为计算列

子查询的最后一个常见用途是作为计算列。假设我们想看到一张用户列表，其中包含每个用户所进行的交易数量。在不使用子查询的情况下可以通过下列语句实现。

```
SELECT
UserName AS 'User Name',
```

```
COUNT(TransactionID) AS 'Number of Transactions'
FROM Users
LEFT JOIN Transactions
ON Users.UserID = Transactions.UserID
GROUP BY Users.UserID, Users.UserName
ORDER BY Users.UserID
```

输出如表 14.10 所示。

表 14.10

User Name	Number of Transactions
Ginger Ortiz	1
Todd Sherman	3
Machiko Tamura	2
Connie Pinsky	0

请注意，这里使用了 LEFT JOIN 以兼容没有进行任何交易的用户。GROUP BY 强制每个用户仅有一行记录。COUNT 函数生成了 Transactions 表中行的数量。

获取相同结果的另一种方法是使用子查询作为计算列。示例如下。

```
SELECT
UserName AS 'User Name',
(SELECT
COUNT(TransactionID)
FROM Transactions
WHERE Users.UserID = Transactions.UserID)
AS 'Number of Transactions'
FROM Users
ORDER BY Users.UserID
```

本例中的子查询是一个关联子查询，它不能单独执行，因为它在 WHERE 子句中引用了 Users 表中的一个列。该子查询会为 SELECT 语句的 columnlist 返回一个计算列。换言之，子查询执行后返回了一个单一的值，这个值包含在 columnlist 中。上述语句的一般形式如下。

```
SELECT
UserName AS 'User Name',
SubqueryResult AS 'Number of Transactions'
FROM Users
ORDER BY Users.UserID
```

整个子查询返回了一个单一的值，该值用于 Number of Transactions 列。

14.7 公用表表达式

另一种子查询语法允许在执行主查询时把它显式地定义出来，这就是所谓的公用表表达式（common table expression）。在这种语法中，整个子查询从正常位置移除，并放在查询的顶部进行声明。使用关键字 WITH 表示存在一个公用表表达式。尽管公用表表达式可以在关联子查询中使用，但对于非关联子查询更实用。为了说明这一点，让我们回顾本章介绍的第一个子查询，相关语句如下。

```
SELECT
UserName AS 'User Name',
ISNULL(CashTransactions.TotalCash, 0) AS 'Total Cash'
FROM Users
LEFT JOIN

(SELECT
UserID,
SUM(TransactionAmount) AS 'TotalCash'
FROM Transactions
WHERE TransactionType = 'Cash'
GROUP BY UserID) AS CashTransactions

ON Users.UserID = CashTransactions.UserID
ORDER BY Users.UserID
```

在上述语句中，子查询被赋予了一个别名——CashTransactions，并通过 UserID 列将其与 Users 表连接。它的目的是计算每个用户的现金交易总额。这条查询的输出如表 14.11 所示。

表 14.11

User Name	Total Cash
Ginger Ortiz	22.50
Todd Sherman	6.00
Machiko Tamura	0
Connie Pinsky	0

现在介绍一种表达相同逻辑的替代方法，即使用公用表表达式。查询语句如下所示。

```
WITH CashTransactions AS
(SELECT
UserID,
SUM(TransactionAmount) as TotalCash
FROM Transactions
WHERE TransactionType = 'Cash'
GROUP BY UserID)

SELECT
UserName AS 'User Name',
ISNULL(CashTransactions.TotalCash, 0) AS 'Total Cash'
FROM Users
LEFT JOIN CashTransactions
ON Users.UserID = CashTransactions.UserID
ORDER BY Users.UserID
```

在这个替代表达式中，整个子查询被移到了顶部，位于主 SELECT 查询之前。关键字 WITH 后面是一个公用表表达式，第一行表示公用表表达式的别名是 CashTransactions。公用表表达式在关键字 AS 之后，使用圆括号括起来。

这里使用一个空行将公用表表达式和主查询分隔开。主查询中的语句如下：

```
LEFT JOIN CashTransactions
```

以上语句声明了公用表表达式的外连接，表达式是通过别名 CashTransactions 引用的。公用表表达式的主要优点是简单。由于子查询的细节被封装为了单独的实体，因此主查询更容易理解。这个带有公用表表达式的查询的输出与最初带有子查询的查询的输出一致。

是否要在查询中使用公用表表达式，取决于你个人的偏好。普通的子查询是嵌入一个更大的查询语句中使用的，而公用表表达式则是在查询语句前面声明子查询。

14.8　小结

本章首先介绍了子查询的三种使用方式：作为数据源使用、在查询条件中使用和作为一个计算列使用。然后介绍了关联子查询和非关联子查询的示例。最后展示了使用公用表表达式来表达子查询的例子。实际上，我们只接触了子查询的部分用途。使问题变得复杂的是，许多子查询可以通过除子查询之外的方式表达。是否选择使用子查询，取决于你个人的偏好，有时也取决于语句的性能。

通过使用连接和子查询，我们探索了许多从表中选择数据的方法。第 15 章将研究一种将整个查询组合为单条 SQL 语句的方法。这是一种特殊类型的逻辑，允许我们将多个数据集合并为一个结果。为了显示彼此之间只有部分关联的数据集，有时需要使用集合逻辑技术。与子查询一样，集合逻辑技术为 SQL 语句提供了额外的灵活性和逻辑上的可能性。

第 15 章
集合逻辑

关键字：UNION、UNION ALL、INTERSECT 和 EXCEPT

在前面几章中，我们通过各种连接和子查询以不同的方式处理了多张表的组合数据。但是，这些方式总是使用一条单独的 SELECT 语句。现在将合并多张表的数据扩展到合并多个查询检索的数据。换言之，我们将研究如何编写包含多条 SELECT 语句的单一 SQL 语句来检索数据。

组合查询的概念通常称为集合逻辑（set logic），此概念源于数学。每个 SELECT 查询都可以被视为一个数据集。在本章中，我们将采用集合逻辑来处理四种基本情况。如果有两个数据集 SETA 和 SETB，那么从这两个集合中检索数据共有以下四种基本情况。

* 数据在 SET A 或 SET B 中；
* 数据在 SET A 和 SET B 中；
* 数据在 SET A 中但不在 SET B 中；
* 数据在 SET B 中但不在 SET A 中。

先来看第一种情况，即我们希望得到在 SET A 或 SET B 中的数据。正如你所看到的，这是集合逻辑中最为常见也是最为重要的情况。

15.1　UNION 运算符

SQL 中的 UNION 运算符用于选择 SET A 或 SET B 中的数据，这也是目前最常见的情况，我们将使用以下两张表中的数据进行说明。第一张为 Orders 表，包含客户所下订单的数据，具体如表 15.1 所示。

表 15.1

OrderID	CustomerID	OrderDate	OrderAmount
1	1	2021-09-01	10.00
2	2	2021-09-02	12.50
3	2	2021-09-03	18.00
4	3	2021-09-15	20.00

第二张为 Returns 表，包含客户退回商品的数据，具体如表 15.2 所示。

表 15.2

ReturnID	CustomerID	ReturnDate	ReturnAmount
1	1	2021-09-10	2.00
2	2	2021-09-15	15.00
3	3	2021-09-28	3.00

注意，不同于第 12 章和第 13 章中的 Returns 表，表 15.2 没有与 Orders 表直接关联。换言之，退货并不会与特定的订单相关联。在这种情况下，一个客户可能在一次退货交易中对多笔订单进行退货。

我们想创建一份关于某位客户全部订单和退货的报告，希望结果基于 OrderDate（针对订单）或 ReturnDate（针对退货）排序。该任务可以通过下列语句实现。我们在该语句中插入了一些额外的空行，以强调它包含两条明显独立的 SELECT 语句，并由 UNION 运算符组合到一起。

```
SELECT
CustomerID,
OrderDate AS 'Date',
'Order' AS 'Type',
OrderAmount AS 'Amount'
FROM Orders
WHERE CustomerID = 2

UNION

SELECT
CustomerID,
ReturnDate as 'Date',
'Return' AS 'Type',
ReturnAmount AS 'Amount'
FROM Returns
WHERE CustomerID = 2

ORDER BY Date
```

输出结果如表 15.3 所示。

表 15.3

CustomerID	Date	Type	Amount
2	2021-09-02	Order	12.50
2	2021-09-03	Order	18.00
2	2021-09-15	Return	15.00

从以上语句可以看到，UNION 运算符分隔了两条 SELECT 语句，每条语句都可以单独运行。最后是一条 ORDER BY 子句。这里使用 UNION 运算符得到了两条 SELECT 语句返回的联合值。上述语句的一般格式如下。

```
SelectStatementOne
UNION
SelectStatementTwo
ORDER BY columnlist
```

要使用 UNION 运算符，必须遵循以下三个原则。

- 所有与 UNION 运算符结合的 SELECT 语句的 columnlist 中必须有相同数量的列；
- 每条 SELECT 语句的 columnlist 中所有列的顺序必须相同；
- 每条 SELECT 语句的 columnlist 中所有列的数据类型必须相同或兼容。

由以上规则可知，上述查询的两条 SELECT 语句都包含顺序相同的三列，且它们的数据类型相同。

当使用 UNION 运算符时，通常需要使用列的别名来为所有列赋予相同的列名。在本例中，两条 SELECT 语句的第一列在两张表中的名称一样，所以不需要使用别名。而第一条 SELECT 语句的第二列的原始名称是 OrderDate，第二条 SELECT 语句的第二列的原始名称是 ReturnDate，为了确保结果中第二列的名称符合预期，需要为 OrderDate 和 ReturnDate 赋予相同的列别名 Date。这也使得我们能够在 ORDER BY 子句的列中使用 Date 进行排序。

另外请注意，每条 SELECT 语句的第三列使用字面量创建了一个名为 Type 的计算列，其值要么是 Order，要么是 Return，这让我们可以识别出每一行来自哪张表。

最后请注意，ORDER BY 子句用于对两个查询结果的组合进行排序，这也是符合预期的，因为对单个查询的结果进行排序是没有意义的。

现在有必要回过头来讨论一下为什么使用 UNION 运算符，而不是直接在一条 SELECT 语句中将 Orders 表和 Returns 表连接起来。既然两张表都有 CustomerID 列，为什么不能简单地通过该列把两张表连接起来呢？这种做法的问题在于它们只有间接的关联。客户可以下订单，也可以发起退货，但订单和退货没有直接的对应关系。

此外，即使它们有直接的关联，使用连接也不能达到预期的效果。通过适当的连接，关联的信息可以放在同一行。然而，在本例中，我们希望在不同的行中显示订单和退货数据。因此，只有通过 UNION 运算符才能以这种方式显示数据。

本质上，UNION 运算符允许我们在单条语句中获取不相关或部分相关的数据。

15.2　UNION 和 UNION ALL

UNION 运算符还有一种变体——UNION ALL。两者的细微区别在于 UNION 运算符消除了所有重复的行；UNION ALL 运算符则指定所有行都包括在内，即使存在重复行。

UNION 运算符消除重复记录的方式与之前提到的关键字 DISTINCT 类似。关键字 DISTINCT 适用于一条单独的 SELECT 语句，而 UNION 运算符则是通过关键字 UNION 消除所有 SELECT 语句中的重复数据。

在前面的例子中，Orders 表和 Returns 表不可能存在重复数据，所以是使用 UNION 运算符，还是使用它的变体并不重要。下面用一个新的例子说明其中的差别。假设我们只关心在哪些日期产生了订单或退货，而不希望看到同一日期的多条记录。该任务可以通过下列语句完成。

```
SELECT
OrderDate AS 'Date'
FROM Orders
UNION
SELECT
ReturnDate AS 'Date'
FROM Returns
ORDER BY Date
```

返回的数据如表 15.4 所示。

表 15.4

Date
2021-09-01
2021-09-02
2021-09-03
2021-09-10
2021-09-15
2021-09-28

注意，日期 2021-09-15 只存在一行记录。尽管 Orders 表和 Returns 表都有一条包含 2021-09-15 这个日期的数据，但 UNION 运算符会确保该日期仅出现一次。

如果出于某种原因，我们想看到 2021-09-15 这个日期出现两次，则可以通过 UNION ALL 运算符实现，示例语句如下。

```
SELECT
OrderDate AS 'Date'
FROM Orders
UNION ALL
SELECT
ReturnDate AS 'Date'
FROM Returns
ORDER BY Date
```

输出如表 15.5 所示。

表 15.5

Date
2021-09-01
2021-09-02
2021-09-03
2021-09-10
2021-09-15
2021-09-15
2021-09-28

正如你所看到的，UNION ALL 运算符允许显示重复的行。

15.3　查询交集

UNION 运算符和 UNION ALL 运算符返回被合并的两条 SELECT 语句所指定的全部集合的数据，这类似于使用 OR 运算符组合两个逻辑集合中的数据。

SQL 提供了一个名为 INTERSECT 的运算符，该运算符只选择两个选定集合中都出现的数据。INTERSECT 运算符类似于 AND 运算符，可用于处理本章开头所提到的第二种情况，即数据在 SET A 和 SET B 中。

> **数据库差异：** MySQL
> MySQL 不支持 INTERSECT 运算符。

使用相同的 Orders 表和 Returns 表，假设我们想要查看在订单和退货中都存在的数据，可以通过以下语句实现。

```
SELECT
OrderDate AS 'Date'
FROM Orders
INTERSECT
SELECT
ReturnDate AS 'Date'
FROM Returns
ORDER BY Date
```

输出结果如表 15.6 所示。

表 15.6

Date
2021-09-15

表 15.6 只显示了一行数据，因为它是唯一一个同时出现在 Orders 表和 Returns 表中的数据。

EXCEPT 运算符是 INTERSECT 运算符的另一个变体。INTERSECT 运算符会返回同时出现在两张表中的数据，而 EXCEPT 运算符返回出现在其中一张表而不出现在另一张表中的数据。因此，EXCEPT 运算符可以用于处理本章开头提到的第三种和第四种情况。

- 数据在 SET A 中，但不在 SET B 中；
- 数据在 SET B 中，但不在 SET A 中。

EXCPET 的一般格式如下。

```
SelectStatementOne
EXCEPT
```

```
SelectStatementTwo
ORDER BY columnlist
```

该语句会显示在 SelectStatementOne 中而不在 SelectStatementTwo 中的数据。下面给出一个具体的示例。

```
SELECT
OrderDate AS 'Date'
FROM Orders
EXCEPT
SELECT
ReturnDate AS 'Date'
FROM Returns
ORDER BY Date
```

输出结果如表 15.7 所示。

表 15.7

Date
2021-09-01
2021-09-02
2021-09-03

表 15.7 中显示了有订单且没有发生退款的日期。注意，日期 2021-09-15 没有出现，是因为当天发生了一笔退款。

数据库差异：MySQL 和 Oracle
MySQL 不支持 EXCEPT 运算符。
Oracle 中等效于 EXCPET 运算符的是 MINUS 运算符。

15.4 小结

本章说明了使用集合逻辑将多条 SELECT 语句组合成一条语句的各种方法。其中最常见的运算符是 UNION，该运算符允许将两个不同集合中的所有数据组合起来。UNION 运算符类似于 OR 运算符。UNION ALL 运算符是 UNION 运算符的一个变体，它允许显示重复的行。INTERCEPT 运算符用于显示两组数据中都存在的数据。INTERCEPT 运算符类似于 AND 运算符。EXCEPT 运算符允许选择在一个数据集而不在另外一个数据集中的数据。

第 16 章会介绍如何将多条 SQL 语句保存到一个存储过程中，并在存储过程中使用参数以使 SQL 命令更加通用。第 16 章还将讨论创建自定义函数的可能性，并解释函数和存储过程的区别。就像第 13 章中讨论的视图一样，存储过程和自定义函数都是可以被创建和保存到数据库中的有用对象，它们用于提供额外的修饰和功能。

第 16 章
存储过程和参数

关键字：CREATE PROCEDURE、BEGIN、EXEC、ALTER PROCEDURE 和 DROP PROCEDURE

到目前为止，所有的数据检索都是通过单条 SQL 语句完成的。即使在第 15 章中看到的集合逻辑，也是将多条 SELECT 语句合并为一条语句。现在讨论一种新的情况，将多条语句保存到一个被称为存储过程的对象中。

从广义上说，使用存储过程一般有以下两个原因。

- 需要将多条 SQL 语句保存到一个存储过程中；
- SQL 语句需要结合参数来使用。

实际上，存储过程也可以仅由单一的 SQL 语句构成，不包含任何参数，但其真正的价值要在涉及多条语句或参数时才能体现出来。

存储过程这个主题相当复杂，本章我们将重点概述第二个原因，即在存储过程中使用参数。这与如何以最佳的方式从数据库中检索数据有关。正如你将看到的，在 SELECT 语句中添加参数是日常工作中一个非常有用的功能。

使用包含多条语句的存储过程已经超出了本书的范围。基本上，能够将多条语句保存到一个存储过程中意味着可以创建复杂的逻辑，并将其作为一个单独的事务一次性执行。例如，你可能有这样一个业务需求：获取客户传入的订单，经过快速评估后将其存入系统。这个过程可能涉及检查商品是否有库存、确认客户的信用等级是否良好，以及初步预估商品何时开始运输等环节。这个场景需要使用多条 SQL 语句，并且需要添加逻辑，确定订单在出现问题时应该返回什么信息。所有这些逻辑都可以放在一个单一的存储过程中，这提高了整个系统的模块化程度。将所有逻辑存放在一个存储过程中后，该逻辑可以被任意调用程序执行，并且它们会返回相同的结果。

16.1 创建存储过程

在详细讨论如何使用存储过程之前，让我们先介绍一下创建和维护存储过程的方法。

在不同的数据库中，创建存储过程的语法有很大的不同。在 Microsoft SQL Server 中，创建存储过程的一般格式如下。

```
CREATE PROCEDURE ProcedureName
AS
OptionalParameterDeclarations
BEGIN
SQLStatements
END
```

存储过程由带有关键字 CREATE PROCEDURE 的命令创建。存储过程本身可以包含任意数量的 SQL 语句，也可以包括参数声明（参数声明的语法将在后面讨论）。创建存储过程的语句以 BEGIN 开头，以 END 结尾。

数据库差异：MySQL 和 Oracle

相较而言，在 MySQL 中创建存储过程的一般格式略显复杂，语句如下。

```
DELIMITER $$
CREATE PROCEDURE ProcedureName ()
BEGIN
SQLStatements
END$$
DELIMITER ;
```

当执行多条语句时，在 MySQL 中需要用到分隔符，默认的分割符是一个分号。上述第一行代码将标准分隔符从逗号暂时地改为了两个$符号，所有需要的参数都在 CREATE PROCEDURE 行的圆括号内指定。在关键字 BEGIN 和 END 之间列出的每条 SQL 语句的末尾都必须有一个分号。两个$符号被放在关键字 END 的后面，表示 CREATE PROCEDURE 命令结束了。在结尾处添加 DELIMITER 语句，用于将分隔符改回分号。

在 Oracle 中创建存储过程的步骤要复杂得多，超出了本书的范围。要在 Oracle 中为 SELECT 语句创建一个存储过程，必须首先创建一个称为包（package）的对象。这个包包含两个基本部分：包声明（specification）和包体（body）。包声明部分指定如何与包体部分进行通信；而包体部分包含 SQL 语句，是存储过程的核心。更多细节请查阅 Oracle 的在线文档。

下面是创建存储过程的一个示例，该存储过程用于执行以下 SQL 语句。

```
SELECT *
FROM Customers
```

该存储过程被命名为 ProcedureOne。在 Microsoft SQL Server 中，创建该存储过程的语句如下所示。

```
CREATE PROCEDURE ProcedureOne
AS
BEGIN
SELECT *
FROM Customers
END
```

数据库差异：MySQL

在 MySQL 中，前面的例子可以写为：

```
DELIMITER $$
CREATE PROCEDURE ProcedureName ()
BEGIN
SELECT *
FROM Customers;
END$$
DELIMITER ;
```

请记住，创建存储过程不会执行任何语句，它只是创建了一个过程，以便随后执行它。与表和视图一样，通过数据库管理工具可以查看存储过程的内容。

16.2　存储过程中的参数

截至目前，我们看到的所有 SELECT 语句都是静态的，因为它们是作为一种特定的检索数据的方式编写的。为 SELECT 语句添加参数，给我们带来了更大的灵活性。

SQL 语句中，术语参数（parameter）与其他计算机语言中的术语变量（variable）类似。基本上，可以将参数视为由调用程序传递给 SQL 语句的一个值。参数可以拥有用户在调用时指定的任何值。

先来看一个简单的示例。有一条 SELECT 语句，该语句用于从 Customers 表中检索数据。我们希望 SELECT 语句只检索特定 CustomerID 编号的客户数据，而不是所有客户。此外，我们也不希望在 SELECT 语句中直接编号，而是希望这条 SELECT 语句足够通用，可以接受任意的 CustomerID 编号，然后再用这个值来执行查询。不带任何参数的 SELECT 语句非常简单，示例如下。

```
SELECT *
FROM Customers
```

我们的目标是添加一条 WHERE 子句，用于选择某个特定客户的数据。我们希望该语句的一般形式如下。

```
SELECT *
FROM Customers
WHERE CustomerID = ParameterValue
```

在 Microsoft SQL Server 中，创建这样一个存储过程的方式如下所示。

```
CREATE PROCEDURE CustomerProcedure
(@CustID INT)
AS
BEGIN
SELECT *
FROM Customers
WHERE CustomerID = @CustID
END
```

注意第二行添加的内容，它表明存储过程的参数为 CustID，在 Microsoft SQL Server 中，@ 符号用于表示一个参数。参数后面的关键字 INT 表示这个参数得是整数值，在 WHERE 子句中也使用了相同的参数名称。

数据库差异：MySQL

在 MySQL 中，创建等价的存储过程的语句如下所示。

```
DELIMITER $$
CREATE PROCEDURE CustomerProcedure
(CustID INT)
BEGIN
SELECT *
FROM Customers
WHERE CustomerID = CustID;
END$$
DELIMITER ;
```

注意，MySQL 不需要使用@符号表示参数。

在执行存储过程时，调用程序会为参数传递一个值，其执行效果就像该值为 SQL 语句的一部分一样。

另外还需要注意，前面讨论的参数是输入参数，它们包含传递到存储过程中的值。除了输入参数，存储过程还可以包括输出参数，其中包含传递给调用程序的值。关于如何使用输出参数，请查阅数据库的在线 SQL 参考手册。

16.3　执行存储过程

创建了存储过程后，要如何执行它们？各数据库使用的 SQL 语法各异。Microsoft SQL Server 中通过关键字 EXEC 执行存储过程。

在 Microsoft SQL Server 中，执行 ProcedureOne 存储过程的语句如下。

```
EXEC ProcedureOne
```

执行以上语句会返回存储过程中所包含的 SELECT 语句的结果。

ProcedureOne 没有接收任何参数,所以语法很简单。为了说明如何执行带输入参数的存储过程,以下语句使用了前面提到的 CustomerProcedure 存储过程,这里指定 CustID 的值为 2。

```
EXEC CustomerProcedure
@CustID = 2
```

数据库差异: MySQL

MySQL 使用关键字 CALL 来执行存储过程,而非关键字 EXEC,并且其带参数的存储过程的语法稍有不同。在 MySQL 中,与前两条 EXEC 语句等价的语句如下。

```
CALL ProcedureOne:
CALL CustomerProcedure (2);
```

16.4 修改和删除存储过程

存储过程在创建后可以被修改。与使用 ALTER VIEW 语句修改视图类似,可以使用 ALTER PROCEDURE 语句修改存储过程。ALTER PROCEDURE 命令的语法与 CREATE PROCEDURE 命令的差异仅在于它使用 ALTER 代替了 CREATE。正如不同数据库的 CREATE PROCEDURE 命令的语法略有不同一样,不同的数据库 ALTER PROCEDURE 命令的语法也不尽相同。

现在看看使用 Microsoft SQL Server 创建存储过程的例子,示例语句如下。

```
CREATE PROCEDURE CustomerProcedure
(@CustID INT)
AS
BEGIN
SELECT *
FROM Customers
WHERE CustomerID = @CustID
END
```

创建了这个存储过程后,如果想把它变成仅检索表中的 CustomerID 和 LastName 这两列,那么可以使用如下语句。

```
ALTER PROCEDURE CustomerProcedure
(@CustID INT)
AS
BEGIN
SELECT
CustomerID,
```

```
LastName
FROM Customers
WHERE CustomerID = @CustID
END
```

> **数据库差异：MySQL**
>
> MySQL 虽然提供了 ALTER PROCEDURE 命令，但其功能有限。要在 MySQL 中修改存储过程的内容，需要先执行 DROP PROCEDURE 命令，再执行带有新内容的 CREATE PROCEDURE 命令。

删除存储过程则更简单。与使用 DROP VIEW 语句删除视图类似，可以使用 DROP PROCEDURE 语句删除存储过程。

删除名为 CustomerProcedure 的存储过程的语句如下所示。

```
DROP PROCEDURE CustomerProcedure
```

16.5　再谈函数

第 4 章中已经介绍了 SQL 中可用的内置标量函数。例如，使用诸如 LEFT 的字符函数和 ROUND 的数学函数。第 9 章中讨论了诸如 MAX 的聚合函数。

除了 SQL 中的内置函数，开发人员还可以创建自己的函数并保存到数据库中。创建函数的过程与创建存储过程的过程类似。SQL 提供了关键字 CREATE FUNCTION、ALTER FUNCTION 和 DROP FUNCTION，它们的工作原理与 CREATE PROCEDURE、ALTER PROCEDURE 和 DROP PROCEDURE 相似。

由于这一主题属于高级特性，所以不会给出具体例子。但是，我们会简要解释一下使用存储过程和函数的区别。

存储过程和函数都可以保存到数据库中。这些实体作为独立的对象保存在数据库中，就像表或视图一样。保存和修改存储过程与保存和修改函数类似。存储过程中的 CREATE、ALTER 和 DROP 命令同样可以用于函数。

存储过程和函数的区别在于，它们的使用方法和功能不同。存储过程和函数之间主要有以下两个区别。

- **存储过程可以有任意数量的输出参数，也可以没有输出参数**。相反，一个函数必须总有一个输出参数。换言之，当调用函数时，总会得到一个单一的返回值；
- **存储过程是由调用程序执行的**。存储过程不能在 SELECT 语句中直接引用。相反，函数可以在任意 SQL 语句中引用。在定义了函数后，可以使用指定的名称来引用该函数。

16.6　小结

　　本章首先介绍了使用参数可以大大增加检索数据的灵活性。例如，参数允许我们对 SQL 语句进行抽象，以便在执行语句时选择指定值作为查询条件。然后介绍了如何创建和修改存储过程等内容。最后说明了存储过程和用户自定义函数之间的区别。

　　虽然本章的例子集中于数据检索，但存储过程和函数对于数据更新也非常有用。第 17 章将完全脱离数据检索领域，进入关于数据更新的主题。虽然维护数据不像数据检索一样拥有各种实现方法，但它在任何企业中都是必不可少的。我们在 SELECT 语句中学到的大部分技术同样适用于第 17 章要介绍的修改过程。

第 17 章
修改数据

关键字：INSERT、VALUES、DELETE、TRUNCATE TABLE、UPDATE 和 SET

在讨论完如何从数据库中检索数据后，再来讨论如何修改数据库中的数据。修改数据可能有以下三种基本情况。

- 插入新行到表中；
- 从表中删除行；
- 更新表中特定的行和列中已有的数据。

或许你可以猜到，插入和删除行是相对简单的。而更新已有数据是一项比较复杂的工作，因为它涉及确定更新的行及这些行中特定的列等内容。下面将按照插入、删除和更新的顺序讲解。

17.1 修改策略

修改数据的机制非常直接。然而，这个过程的本质表明，这是一个充满危险的领域。人都会犯错误，你的一个命令就可能轻易地误删除数千行数据，或者应用了错误的更新难以撤回。

在实际工作中，存在各种可以避免灾难性失误的策略。例如，可以采用软删除技术从表中删除行。这意味着并非真正地删除某一行，而是在表中指定一个特定的列来标识每行是有效的还是无效的。与其说是删除行，还不如说是将其标记为无效行。这样，如果是误删除操作，那么可以很容易地通过修改有效/无效状态列的值来切换该行的状态。

当执行插入操作时，也可以采用类似的技术。添加一行时，可以在一个特定的列中标记插入的具体日期和时间。如果之后确认添加了错误的行，就可以查询指定时间范围内添加的行并删除它们。

至于更新数据，问题就比较复杂了。一般而言，通过一张单独的表来保存事务所要更新的数据是一个明智的选择。不管出现什么错误，都可以回到事务表，找到被修改数据的前值和后值，并利用它撤销之前的错误操作。

上述策略只是可采用的众多方法中的一部分，这一主题已超出了本书的范围。更新数据时请务必谨慎操作。与很多用户友好的桌面程序不同，SQL 是没有撤销命令的。

17.2　插入数据

SQL 提供了关键字 INSERT，用于将数据插入表中。有两种基本的插入方式：
- 插入在 INSERT 语句中指定的数据；
- 插入从 SELECT 语句中获取的数据。

关键字 INSERT 也可以表述为 INSERT INTO。INTO 这个词是可选的，但为了清晰起见，后续语句都会加入它。

我们先通过一个示例来了解如何插入数据，其中，数据值是在 INSERT 语句中指定的。假设存在一张 Clients 表，如表 17.1 所示。

表 17.1

ClientID	FirstName	LastName	State
1	Judy	Crawford	WI
2	Miguel	Ramirez	PA
3	Ellen	Baker	OR

再假设第一列 ClientID 为该表的主键。在第 1 章和第 2 章中，我们介绍过，主键强化了表中每一条记录应该是唯一的这一要求。我们还介绍过，主键列通常被指定为自增列。这意味着新插入表中的行会被自动分配一个数字。

假设 ClientID 列被定义为自增列，这意味着在向 Clients 表中添加记录时不需要指定 ClientID 列的值。每添加一行数据到表中，ClientID 列都会被自动确定，只需要指定其他三列的值即可。

我们将两位新客户添加到表中，他们分别是来自 Ohio 的 Amanda Davis 和来自 California 的 Ingrid Krause。插入操作由以下语句实现。

```
INSERT INTO Clients
(FirstName, LastName, State)
VALUES
('Amanda', 'Davis', 'OH'),
('Ingrid', 'Krause', 'CA')
```

插入后，该表包含的数据如表 17.2 所示。

表 17.2

ClientID	FirstName	LastName	State
1	Joyce	Crawford	WI
2	Miguel	Ramirez	PA
3	Ellen	Baker	OR
4	Amanda	Davis	OH
5	Ingrid	Krause	CA

下面依次来解释这些语句。首先请注意，关键字 VALUES 用作插入表中的值的列表的前缀。这条语句使用圆括号括住待插入的每行数据。Ohio 的 Amanda Davis 在一组圆括号中，Ingrid Krause 在另一组圆括号中。两组数据通过逗号隔开，如果只需要添加一行数据，那就只需要使用一组圆括号。

数据库差异：Oracle

Oracle 不支持自增列。

Oracle 也不支持在关键字 VALUES 后指定多个行。前面的例子在 Oracle 中需要分为两条语句，如下所示。

```
INSERT INTO Clients
(FirstName, LastName, State)
VALUES
(Amanda, 'Davis', 'OH');
INSERT INTO Clients
(FirstName, LastName, State)
VALUES
('Ingrid', 'Krause', 'CA');
```

另外注意，关键字 VALUES 后面的数据元素的顺序要与关键字 INSERT 后面的 columnlist 中列的顺序相对应。但列本身的顺序不需要与数据库中的顺序一致。换言之，上面的插入也可以通过以下语句轻松完成。

```
INSERT INTO Clients
(State, LastName, FirstName)
VALUES
('OH', 'Davis', Amanda),
('CA', 'Krause', 'Ingrid')
```

这条 INSERT 语句把 State 列移到了前面。再次强调，列的排列顺序并不重要。

综上，INSERT 语句的一般形式如下。

```
INSERT [INTO] table
(columnlist)
VALUES
(RowValues1),
(RowValues2)
[repeat any number of times]
```

columnlist 中的列必须与 RowValues 中的列相对应。

如果 columnlist 中所有列的顺序跟它们在数据库中实际存放的顺序一致，并且表中不包含自增列，那么可以在执行 INSERT 语句时不指定 columnlist。然而，这种做法非常不可取，因为它很容易导致错误。

在不指定所有列的情况下使用 INSERT 语句也是有可能的。在这种情况下，没有被指定的列会被赋予 NULL 值。例如，假设我们想在 Clients 表中为名为 John Sullivan 的客户添加一行新的记录，但我们并不知道 John 所在的州，那么此时的 INSERT 语句如下所示。

```
INSERT INTO Clients
(FirstName, LastName)
VALUES
('John', 'Sullivan')
```

执行 INSERT 语句后，John 在表中的行如表 17.3 所示。

表 17.3

ClientID	FirstName	LastName	State
6	John	Sullivan	NULL

因为没有为新行的 State 列指定值，所以它被赋予 NULL 值。

INSERT 语句还有一种变体。这种变体适合用于插入从 SELECT 语句中获取的数据。这意味着并不是在关键字 VALUES 后列出数据元素，而是使用一条 SELECT 语句获取必要的值。

为了说明问题，假设我们有另一张名为 NewClients 的表，其中包含我们想要插入 Clients 表中的数据。NewClients 表如表 17.4 所示。

表 17.4

State	GivenName	Surname
RI	Dorothy	Michaels
PA	Beata	Kowalski
RI	Sabrina	Fairchild

如果我们想把 Rhode Island（RI）州的所有客户从 NewClients 表添加至 Clients 表中，以下语句将会完成这一任务。

```
INSERT INTO Clients
(FirstName, LastName, State)
SELECT
GivenName,
Surname,
State
FROM NewClients
WHERE State = 'RI'
```

执行完这条 INSERT 语句后，Clients 表的数据如表 17.5 所示。

表 17.5

ClientID	FirstName	LastName	State
1	Joyce	Crawford	WI
2	Miguel	Ramirez	PA
3	Ellen	Baker	OR
4	Amanda	Davis	OH
5	Ingrid	Krause	CA
6	John	Sullivan	NULL
7	Dorothy	Michaels	RI
8	Sabrina	Fairchild	RI

上面的 INSERT 语句直接使用 SELECT 语句替换了 VALUES 子句。正如我们所预期的那样，Beata Kowalski 没有被添加到 Clients 表中，因为她不在 Rhode Island 地区。另外，请注意，Clients 表和 NewClients 表的列并不完全相同。列名并不重要，只要列是以正确的顺序展示出来的即可。

17.3　删除数据

删除数据要比添加数据简单得多。DELETE 语句用于删除数据。当执行一条 DELETE 语句时，它将删除表中的一整行数据。其一般格式如下。

```
DELETE
FROM table
WHERE condition
```

如下是一个简单的例子。假设我们想要删除前面提到的 Clients 表中在 Rhode Island 地区的客户的行，完成该任务的语句如下。

```
DELETE
FROM Clients
WHERE State = 'RI'
```

这就是完成此任务的全部语句。如果想在执行上述 DELETE 语句前测试结果，则可以用 SELECT 语句替换 DELETE 语句，如下所示。

```
SELECT
COUNT(*)
FROM Clients
WHERE State = 'RI'
```

这会提供要删除的行的数量，为删除操作进行了一定程度的验证。

还有另外一种值得一提的删除数据的方式。如果想删除表中的所有数据，可以使用

TRUNCATE TABLE 语句。与 DELETE 语句相比，TRUNCATE TABLE 语句的优势在于它的速度更快。不同于 DELETE，TRUNCATE TABLE 语句不保留事务的结果日志。我们还没有介绍数据日志进程，但大多数数据库都会提供日志功能，它允许数据库管理员在遇到系统崩溃等问题时恢复数据库。

如果想删除 Clients 表中的所有数据，可以执行以下语句。

```
TRUNCATE TABLE Clients
```

其执行结果和执行以下语句相同。

```
DELETE
FROM Clients
```

数据库差异：MySQL

本章中的 DELETE 语句和 UPDATE 语句可能不会在 MySQL 中执行，因为你安装时可能开启了安全更新模式。要暂时关闭安全更新模式，请执行以下语句。

```
SET SQL_SAFE_UPDATES = 0;
```

重启安全更新模式，请执行以下语句。

```
SET SQL_SAFE_UPDATES = 1;
```

DELETE 和 TRUNCATE TABLE 语句的另一个区别是，TRUNCATE TABLE 语句重置了自增值，而 DELETE 语句不会影响自增值。

17.4　更新数据

更新数据的过程包括指定更新哪些列，以及选取行的逻辑。UPDATE 语句的一般格式如下。

```
UPDATE table
SET Column1 = Expression1,
Column2 = Expression2
[repeat any number of times]
WHERE condition
```

这条语句与基本的 SELECT 语句类似，除了使用关键字 SET 为指定的列分配新的值。WHERE 条件指定了要更新哪些行，UPDATE 语句可以同时更新多个列。如果要更新多个列，但关键字 SET 仅出现一次，那么多个更新表达式之间必须用逗号分隔。

让我们从一个简单的例子开始。假设我们想把 Judy Crawford 的姓氏改为 Crawfish，并把她所在的州从 Wisconsin（WI）改为 New Jersey（NJ）。在 Clients 表中，该行目前的内容如表 17.6 所示。

表 17.6

ClientID	FirstName	LastName	State
1	Judy	Crawford	WI

完成这个任务的 UPDATE 语句如下。

```
UPDATE Clients
SET LastName = 'Crawfish',
State = 'NJ'
WHERE ClientID = 1
```

执行完该语句后，Clients 表中该行将如表 17.7 所示。

表 17.7

ClientID	FirstName	LastName	State
1	Judy	Crawfish	NJ

注意，FirstName 列的值没有改变，因为该列没有包含在 UPDATE 语句中。另外还要注意，WHERE 子句是必不可少的，如果没有 WHERE 子句，每一行记录都会发生变更。

17.5 相关子查询更新

前面的 UPDATE 例子很简单，但不太现实。UPDATE 一个更常见的用法是根据另一张表的数据更新当前表的数据。假设有一张 Vendors 表，如表 17.8 所示。

表 17.8

VendorID	State	Zip
1	NY	10605
2	FL	33431
3	CA	94704
4	CO	80302
5	WY	83001

VendorTransactions 表（见表 17.9）保存了现有供货商的最新变更。

表 17.9

TransactionID	VendorID	State	Zip
1	1	NJ	07030
2	2	FL	33139
3	5	OR	97401

Vendors 表是供货商的主要数据源。要根据 VendorTransactions 表更新 Vendors 表，必须使用第 14 章中讨论的关联子查询技术。之所以需要用到关联子查询，是因为 UPDATE 语句只能对一张表进行更新。简单地将多张表关联起来并不能达到目的。因此，需要在关键字 SET 后使用关联子查询来表明数据的来源。

可以用下面的语句更新 Vendors 表中的 State 列和 Zip 列，数据来自 VendorTransactions 表中的事务。因为这条语句过于复杂，我们在其中插入了若干空行，以便于随后讨论语句的四个部分。

```
UPDATE Vendors

SET Vendors.State =
(SELECT VendorTransactions.State
FROM VendorTransactions
WHERE Vendors.VendorID = VendorTransactions.VendorID),

Vendors.Zip =
(SELECT VendorTransactions.Zip
FROM VendorTransactions
WHERE Vendors.VendorID = VendorTransactions.VendorID)

WHERE EXISTS
(SELECT *
FROM VendorTransactions
WHERE Vendors.VendorID = VendorTransactions.VendorID)
```

运行 UPDATE 语句后，Vendors 表的数据如表 17.10 所示。

表 17.10

VendorID	State	Zip
1	NJ	07030
2	FL	33139
3	CA	94704
4	CO	80302
5	OR	97401

我们详细分析一下这条 UPDATE 语句。该语句的第一部分，也就是第一行，表示将更新 Vendors 表。

语句的第二部分指定了 State 列的更新方式，更新基于以下关联子查询实现。

```
SELECT VendorTransactions.State
FROM VendorTransactions
WHERE Vendors.VendorID = VendorTransactions.VendorID
```

之所以知道这是一条关联子查询，是因为单独执行该 SELECT 语句会产生错误。该子查询从 VendorTransactions 表中获取数据，并通过 VendorID 在两张表中进行匹配。

语句的第三部分类似于第二部分，只是这里用于更新 Zip 列。另外注意关键字 SET 仅需在第二部分指定一次，不需要在第三部分再次指定。

最后一部分是 WHERE 子句的逻辑，它与整个 UPDATE 语句的查询逻辑相关。关键字 EXISTS 与另一个关联子查询一起使用，以判断针对 Vendors 表中的每个 VendorID，VendorTransactions 表是否都存在对应的行。如果没有 WHERE 子句，更新语句会把 VendorID 为 3 和 4 的行的 State 和 Zip 列改为 NULL 值，因为它们在 VendorTransactions 表中没有记录。这条 WHERE 子句中的关联子查询可确保我们只对在 VendorTransactions 表中有数据的供应商进行更新。

由此可以推断，使用关联子查询进行更新的主题相当复杂。这个主题已经超过了本书的范围。我们讲解这个例子仅是为了让大家了解数据更新中涉及的一些复杂情况。另外请注意，关联子查询在删除语句时的用法也是类似的。

17.6　小结

本章对更新数据的各种方法进行了概述。执行简单的插入、删除和更新方法相对比较直接。然而，对于现实世界中的更新和删除操作来说，关联子查询经常是必须使用的技术，而并非权宜之计。此外，对数据进行更新的整个概念都是必需的实践。执行任何类型的更新时都要谨慎行事，因为 SQL 中的一行语句有可能更新数千行数据。在应用任何数据更新前，都应该仔细规划好撤销更新的步骤。

现在我们已经讨论了如何修改表中的数据，接下来将继续讨论表本身。第 18 章将研究创建表的机制，以及在表中正确存储数据所需的所有属性。为此，我们将重温第 1 章涉及的一些主题，比如主键和外键。到目前为止，我们都是假设表是拿来即用的。在介绍完这一章的内容后，你将对如何创建用于保存数据的表有更好的想法。

第 18 章
维护表

关键字：CREATE TABLE、DROP TABLE、CREATE INDEX 和 DROP INDEX

本章将讲解的重点从检索和修改数据转向了数据设计。到目前为止，我们一直假设表是原本就存在的，并且可以被任何感兴趣的用户使用。然而，正常情况下，我们需要先创建表，然后才能访问数据。因此，下面关注如何创建和维护表。

之前，我们触及了有关当前讨论主题的内容，比如主键和外键，现在将深入到这些领域的细节中，并引入表索引的相关主题。

18.1　数据定义语言

第 1 章提到 SQL 有三个主要组成部分：DML、DDL 和 DCL。到目前为止，我们讨论的大部分内容都是 DML。DML 允许我们通过检索、插入、删除和更新等操作来处理关系型数据库中的数据。这些操作是通过 SELECT 语句、INSERT 语句、DELETE 语句和 UPDATE 语句执行的。

尽管我们重点关注的是 DML，但也看过一些 DDL 的示例。第 13 章的 CREATE VIEW 语句和第 16 章中的 CREATE PROCEDURE 语句就是 DDL，与这些语句相关的 ALTER 语句和 DROP 语句也是 DDL。

CREATE VIEW 语句和 CREATE PROCEDURE 语句之所以是 DDL，是因为它们只允许我们操作数据库的结构，对于数据库中的数据，它们什么都不做。

本章将简要概述一些其他的、可用于创建和修改表与索引的 DDL。

每个数据库都有独特的组织对象的方式，因此可用的 DDL 也有所不同。例如，MySQL 有 12 种 CREATE 语句用于创建这些类型的对象：Databases、Events、Functions、Indexes、Logfile Groups、Procedures、Servers、Spatial Reference Systems、Tables、TableSpaces、Triggers 和 Views。

Oracle 有 40 多种不同的 CREATE 命令用于创建数据库中的对象类型。Microsoft SQL

Server 则有 60 多种不同的命令。

事实上，对数据库对象（如视图和表）的大多数修改都可以通过图形用户界面（Graphical User Interface，GUI）来完成，软件商多使用 GUI 来管理其软件。我们似乎没有必要学习 DDL，因为通常可以使用软件的 GUI 来操作 DDL。

然而，了解操作数据对象的一些关键语句还是很有用的。前面已经介绍过一些用于修改视图和存储过程的语句。本章将介绍通过 DDL 修改表和索引的一些可能的方法。

18.2　表的属性

第 1 章和第 2 章简单介绍了数据库表的一些属性，如主键、外键、数据类型和自增列等。如前所述，SQL DDL 为许多类型的数据库对象提供了 CREATE 语句。第 13 章和第 16 章介绍了操作存储过程和视图的 CREATE PROCEDURE 语句与 CREATE VIEW 语句。

现在，我们将注意力转回到表上。表或许是数据库中最重要且必不可少的对象类型。表是重中之重。数据库中的所有数据都物理地存储在表中，大部分其他的对象类型以各种方式与表相关联。视图提供了一张表的虚拟视图，存储过程通常是基于表中的数据执行的，函数能以特定的规则来操作表中的数据。

这里，我们关注最初表是如何创建的。表的定义关联着许多属性，我们将概述其中一些重要的属性，并讨论它们的含义。

表的属性也与数据库的设计这个主题相关，我们会在第 19 章介绍数据库的设计。现在重点关注表本身可以做哪些事情。

对于 Microsoft SQL Server、MySQL 和 Oracle 来讲，设计表和修改表的具体细节有很大的不同。下面主要介绍三种数据库中表的通用属性。

18.3　表的列

表可以包含任意数量的列。每列均有一些针对该列的具体属性。列的第一个也是最明显的属性就是列名，表中每列都必须有一个唯一的名称。

列的第二个属性是数据类型，这是第 1 章中介绍过的一个主题，当时已经描述了三种值得注意的数据类型：数字、字符和日期/时间。数据类型是决定每列可以包含什么样的数据的关键因素。

列的第三个属性是它是否为自增列。在第 1 章和第 2 章中简要介绍了这种属性，并且在第 17 章中进一步讨论了它。基本上，自增列意味着表中每增加一行，就会自动按照升序序列将一个数值赋给该列。自增列通常是主键，但也可以是一个普通的列。

请注意，术语自增是 MySQL 所特有的。Microsoft 使用术语 identity 表示相同类型的属性。

> **数据库差异：Oracle**
> Oracle 不提供自增属性，而是要求将其中一列定义为序列，然后创建一个触发器，并以连续值填充该列。这部分内容超出了本书的讨论范围。

列的第四个属性是是否允许包含 NULL 值，默认允许。如果不想包含 NULL 值，那么可以使用关键字 NOT NULL 来指定对该列的描述（column description）。

最后讨论的一个列属性是是否分配了默认值。如果在添加行时没有提供该列的值，就为该列自动赋一个默认值。例如，如果你的大部分客户都在美国，那么可能想要给包含国家代码的列指定一个默认值——US。

18.4　主键和索引

让我们再次回到主键这个话题，并且介绍主键属性和表的索引的关系。

索引是一种物理结构，可以为数据库表中任意的列添加索引。索引的目的是，当 SQL 语句中包含该列时，加快数据检索的速度。索引中的真实数据是隐藏的，但是基本上索引都会包含一种结构来维护该列的排序信息。因此，当需要查询指定的值时，就可以进行快速检索。

对列进行索引的第一个缺点是，索引需要更多的磁盘存储。第二个缺点是，索引通常会降低该列数据的更新速度。这是因为进行任何插入或者修改操作，索引都必须重新计算该列中值的正确排列顺序。

可以对任意的列进行索引，但是只能指定一个列或一组列作为主键。指定一个列作为主键意味着两件事情：首先是该列将成为索引，其次是要保证该列包含唯一的值。

正如第 1 章中所说，主键（通常缩写为 PK）为数据库用户提供了两个主要优点：它们能够唯一地标识表中的每一行；让你更易与另一张表关联。现在，我们可以添加第三个优点：成为索引后，主键使得涉及该列数据的检索速度更快。

拥有主键的主要原因是，保证表中所有行在该列都拥有唯一值。在更新或删除数据时，必须始终有一种方式可以识别唯一的行，而主键可以确保做到这一点。

另外，主键实际上可以跨越多列，它可以由两列或三列组成。如果主键包含多列，意味着这些列共同包含了唯一的值。这种类型的主键通常称为复合主键（composite primary key）。现在来看使用复合主键的一个示例。假设有一张 Movies 表，你希望用一个键来唯一地定义表中的每部电影。你想要使用电影名称而非整数值 MovieID 作为这个键。然而这是有问题的，因为有时不同的电影会使用相同的标题。为此，你可能使用两列，也就是通过电影名称和出品日期来构成一个复合主键，以唯一地定义每部电影。

　　主键必须包含唯一的值，所以不允许含有 NULL 值，必须为该列指定非 NULL 的值。

　　最后，可以将主键指定为自增列。主键自增使得数据库开发人员不必再劳心为该列分配唯一的值。自增特性满足了这个需求。

18.5　外键

　　除主键外，SQL 数据还可以把某一列定义为外键（foreign key）。外键是从一张表中的一列到另一张表中某一列的引用。设置一个外键需要指定两个列。配置了外键列的表通常称为子表（child table）。而另一张表中被引用的列，我们说它是在父表（parent table）中。

　　例如，假设有一张 Customers 表，其中 CustomerID 列被设置为主键。同时还有一张 Orders 表，其中 OrderID 列为主键，此外它也有一个 CustomerID 列。在这种情况下，可以把 Orders 表中的 CustomerID 列设置为外键，然后引用 Customers 表中的 CustomerID 列。这时，Orders 表是子表，而 Customers 表是父表。设置外键的思路是将两张表中的 CustomerID 列作为共同元素，以确保 Orders 表中的 CustomerID 列指向 Customers 表中的现有客户。

　　设置好外键后，就可以指定与父表中行的更新和删除相关的具体操作了。三种最常见的操作行为如下。

- No Action；
- Cascade；
- Set Null。

这三种行为可以用于更新或删除操作。继续以 Customers 表和 Orders 表为例，其中最常见的行为是 No Action。如果没有特别声明，默认的行为就是 No Action。如果将 Orders 表中的 CustomerID 列设置为更新时采取 No Action，就意味着每当父表尝试对 CustomerID 列进行更新时，都会进行检查。如果 SQL 试图更新 CustomerID，可能会导致子表中的行指向一个不存在的值，No Action 会阻止这种行为。删除时采取 No Action 也是如此。这就确保了在任意一张表中使用 CustomerID 列时，Orders 表中的所有行都会正确地指向 Customers 表中已有的行。

　　外键的第二个指定动作是 Cascade。这意味着当父表中的一个值被更新且这个值影响到子表中的记录时，那么 SQL 会自动更新子表中的所有记录，以反映父表中的新值。同样，如果父表中的一条记录被删除，并且影响到子表中的记录，那么 SQL 将自动删除子表中受影响的记录。

　　外键的第三个指定动作是 Set Null，它有时用于删除操作。这意味着当父表中的一个值被删除时，如果该值影响到子表中的记录，那么 SQL 将自动更新子表中所有受影响的记录，使其在外键中包含一个 NULL 值，这表示对应的父表记录已不存在。

18.6 创建表

CREATE TABLE 语句可以用来在数据库中创建新表。不同的数据库 CREATE TABLE 语句的语法和可用的功能各有不同。现在使用一个简单的例子来进行说明，该例创建了具备以下属性的一张表。

- 表名为 MyTable；
- 第一列被命名为 ColumnOne，并被定义为主键。该列被定义为 INT（整数）数据类型，并且是自增列；
- 第二列被命名为 ColumnTwo。该列被定义为 INT 数据类型，不允许有 NULL 值。该列还被定义为外键，与另一张名为 RelatedTable 表中的 FirstColumn 列相关联，并指定删除时采用 Set Null 行为；
- 第三列被命名为 ColumnThree。该列被定义为 VARCHAR 数据类型，长度为 25 个字符，允许有 NULL 值；
- 第四列被命名为 ColumnFour。该列被定义为 FLOAT 数据类型，允许有 NULL 值。该列的默认值是 10。

用于在 Microsoft SQL Server 中创建 MyTable 表的 CREATE TABLE 语句如下所示。

```
CREATE TABLE MyTable
(ColumnOne INT IDENTITY(1,1) PRIMARY KEY NOT NULL,
ColumnTwo INT NULL
REFERENCES RelatedTable (FirstColumn)
ON DELETE SET NULL,
ColumnThree VARCHAR(25) NULL,
ColumnFour FLOAT NULL DEFAULT (10))
```

数据库差异：MySQL 和 Oracle

在 MySQL 中，等效的 CREATE TABLE 语句如下所示。

```
CREATE TABLE MyTable
(ColumnOne INT AUTO_INCREMENT PRIMARY KEY NOT NULL,
ColumnTwo INT NULL,
ColumnThree VARCHAR(25) NULL,
ColumnFour FLOAT NULL DEFAULT 10,
CONSTRAINT FOREIGN KEY(ColumnTwo)
REFERENCES RelatedTable (FirstColumn)
ON DELETE SET NULL);
```

在 Oracle 中，等效的 CREATE TABLE 语句如下所示。

```
CREATE TABLE MyTable
(ColumnOne INT PRIMARY KEY NOT NULL,
ColumnTwo INT NULL,
ColumnThree VARCHAR(25) NULL,
ColumnFour FLOAT DEFAULT 10 NULL,
CONSTRAINT "ForeignKey" FOREIGN KEY (ColumnTwo)
REFERENCES RelatedTable (FirstColumn)
ON DELETE SET NULL);
```

如前所述，Oracle 不支持自增列。

　　创建表后，可以通过 ALTER TABLE 语句修改表的某些属性。由于 ALTER TABLE 语句比较复杂，且在不同的数据库中存在巨大差异，因此本书不介绍该语句的语法。

　　然而，我们可以给出它的使用示例，下列语句可以用来删除 MyTable 表中的 ColumnThree 列。

```
ALTER TABLE MyTable
DROP COLUMN ColumnThree
```

　　删除整张表的语法很简单。使用以下语句就可以删除 MyTable。

```
DROP TABLE MyTable
```

延伸：财务日历

很多组织采用财务日历。一个常见的问题是如何将日历日期与财务季度或财务年度关联起来。一种解决方案是创建一张包含以下列的表：CalendarDate、FiscalQuarter、FiscalYear。这时，分析人员就可以通过 CalendarDate 列连接到该表，并返回相应的财务季度和财务年度。创建该表有很多种途径。我们要介绍的解决方案包含以下四步。首先是创建表，方式如下。

```
CREATE TABLE FiscalCalendar
(CalendarID INT NULL,
CalendarDate DATE NULL,
FiscalQuarter VARCHAR(2) NULL,
FiscalYear VARCHAR(4) NULL)
```

注意，我们允许四个列都包含 NULL 值。第二步是将 FiscalCalendar 表中需要用到的日期所对应的行插入该表，包括数据库中可能存在的从过去到将来的所有日期所对应的行。在本例中，我们使用以下语句插入 365 行数据。

```
INSERT INTO FiscalCalendar (CalendarID)
SELECT TOP 365
ROW_NUMBER() OVER (ORDER BY SampleID)
FROM SampleTable
```

需要对上述语句做几点解释。首先，我们利用第 9 章中描述的 ROW_NUMBER 函数在 CalendarID 列中插入了一系列连续的数字（从 1 到 365）。然后，我们引用了一张名为 SampleTable 的表。这是我们创建的一张虚拟表，其中存在一个名为 SampleID 的列，共包含 1000 行记录。该表在本书配套文件的设置脚本中可以找到。你可以使用任何有 365 行数据的表替代该表。现在我们有了一张在 CalendarID 列中有数据的表。下一步是为所有行填充 CalendarDate 列，实现方式如下。

```
UPDATE FiscalCalendar
SET CalendarDate = DATEADD(DAY,CalendarID - 1,'2022-02-01')
```

这条 UPDATE 语句使用 DATEADD 函数将 CalendarID 的值减去 1，然后将计算结果加到序列的起始日期上。在本例中这个起始日期是 2022 年 2 月 1 日。从 CalendarID 的值中减去 1 的目的是将增量设为递减 1，以便在 CalendarDate 列中填充从 2022 年 2 月 1 日到 2023 年 1 月 31 日之间的所有连续日期。最后一步是为所有日期填充 FiscalQuarter 列和 FiscalYear 列。这可以通过以下语句来完成。

```
UPDATE FiscalCalendar
SET FiscalQuarter = 'Q1',
FiscalYear = '2022'
WHERE CalendarDate BETWEEN '2022-02-01' and '2022-04-30'
```

在本例中，我们将 2022 年 2 月 1 日至 2022 年 4 月 30 日之间的所有日期的 FiscalQuarter 列设置为 Q1。FiscalYear 列设置为 2022。对于其他财务季度，也可应用与上述语句类似的语句。

18.7   创建索引

SQL 提供了 CREATE INDEX 语句，用于在创建表之后创建索引。也可以使用 ALTER TABLE 语句添加或修改索引。

例如，在 Microsoft SQL Server 中为 MyTable 的 ColumnFour 列添加一个新索引的语法如下所示。

```
CREATE INDEX Index2
ON MyTable(ColumnFour)
```

这将创建一个名为 Index2 的新索引。删除索引只需执行以下语句。

```
DROP INDEX Index2
ON MyTable
```

数据库差异：Oracle
在 Oracle 中，DROP INDEX 的等效语句如下。

```
DROP INDEX Index2;
```

18.8　小结

添加或修改表和索引的 SQL 语句很复杂，我们无须了解细节。数据库软件通常会提供图形化的工具来修改表的结构，没必要使用 SQL 语句。本章介绍的重要概念是表的各种属性，包括理解索引、主键和外键是如何相互关联的。

第 19 章将从创建表这种普通任务转移到数据库设计这一更广泛的话题。正如必须在访问数据前创建表一样，数据库的整体结构也是在创建表之前就确定了的。所以在某种意义上，我们是把在介绍数据检索前应该被介绍的主题放到了后面。数据库设计是通过 SQL 提交高质量的结果所需要的能力之一。如果数据库设计得不好，所有访问该数据库中数据的人在试图检索数据时都会受阻。第 19 章所讨论的数据库设计原则的基础知识对保证优质的数据检索体验大有裨益。

第 19 章
数据库设计原则

第 1 章中介绍了一个概念：关系型数据库是一个数据集合，存储了任意数量的表。这些表应该是以某种形式相互关联的。在第 18 章关于维护数据表的内容中，我们明确指出，数据库的设计者可以分配外键以确保表之间的某些关系得到正确维护。

然而，即使掌握了主键和外键的知识，还是没有解决设计数据库之初的基本问题。其中最主要的问题如下。

- 应该如何把数据组织到一组相关的表里？
- 表中应该存放哪些数据元素？

一旦定义了表和数据元素，数据库管理员就可以创建外键和索引、设置数据类型等。

这些问题从来没有唯一正确的答案。其中一个原因是每个组织或企业都是独一无二的，对于不确定的情况很难有确定的解决方案，解决方案在很大程度上取决于企业希望数据库具有怎样的灵活性。另一个原因是存在历史数据并希望保持历史数据和后续数据的连续性。很少有组织能够抛开已存在的数据，从零开始设计数据库。

尽管有上述限制，但还是有一些数据库设计原则随着时间的推移演变成了指导我们寻找最佳设计架构的原则。其中有许多设计原则源自在关系型数据库设计领域最具影响力的架构师 E.F. Codd，他在 1979 年发表了开创性的文章 "A Relational Model of Data for Large Shared Data Banks"，该文章为如今的关系模型（rerelational model）和规范化（normalization）概念奠定了基础。

19.1 规范化的目标

术语规范化指的是数据库架构师将非结构化数据转化为设计合理的表和数据元素的具体过程。

理解规范化的最佳方法是说明什么是不规范的。出于此目的，我们首先展示一张设计不佳的表，其中包含很多明显的问题。表 19.1 试图展示学生在历次考试中取得的成绩，每一行代表一名学生的一次成绩。

表 19.1

Test	Student	Date	Points	Grade	Format	Teacher	Assistant
Pronoun Quiz	Julie	2022-03-02	10	8	Multiple Choice	Wilson	Collins
Pronoun Quiz	Jamal	2022-03-02	10	6	Multiple Choice	Cordova	Bender
Solids Quiz	Nina	2022-03-03	20	17	Multiple Choice	Kaplan	NULL
China Test	Nicole	2022-03-04	50	45	Essay	Diaz	Taylor
China Test	Nathan	2022-03-04	50	38	Essay	Diaz	Taylor
Grammar Test	Nicole	2022-03-05	100	88	Multiple Choice, Essay	Wilson	Collins

首先简单介绍一下这张表中每列所提供的信息。

- Test（考试）：对考试或小测验的描述；
- Student（学生）：参加考试的学生；
- Date（日期）：考试日期；
- Points（总分）：测试的总分；
- Grade（成绩）：学生得到的分数；
- Format（题型）：考试的题型（作文、选择题或兼有）；
- Teacher（老师）：科任老师；
- Assistant（助教）：被指派协助科任老师的人。

假设这张表的主键是由 Test 列和 Student 列所组成的复合主键。表中的每一行代表学生的一次成绩。

这张表有两个明显的问题。其一是有些数据没有必要重复存在。比如，在 2022 年 3 月 2 日进行的 Pronoun Quiz，其总分为 10 分，这一信息在对应此次考试的每一行中都重复出现了。如果考试的总分只出现一次就好了。

其二是单个单元格中存在多个数据。比如，第六行中的题型既是 Multiple Choice 又是 Essay，这是因为这次考试中两种题型都有。这种情况使得数据不方便使用，比如要如何检索所有包含 Essay 的考试呢？

更概括地说，这张表的主要问题在于试图把所有信息放在一张表中。最好将这张表中的信息拆分成不同的实体，如学生、成绩和老师，并把每个实体通过一张表展示出来。SQL 能够将这些表连接在一起以检索任何所需的信息。

基于上述讨论，我们可以正式确定规范化过程的目标有以下两个。

- **消除冗余数据**。上面的例子中清楚地体现了表中存在冗余数据的问题。但为什么消除冗余数据很重要呢？在多行中列出相同的数据到底有什么问题？答案是，除了不必要的重复劳动，数据冗余还会降低灵活性。当某个数据重复时，对该数值的修改会影响多行而非一行；
- **消除插入、删除和更新数据时的异常**。该目标也与冗余数据有关。举一个关于更新数据异常的例子，假设一位老师结婚后要冠以夫姓，为了更新数据，必须更新包含她名字的所有行。由于数据是冗余存储的，所以必须更新大量数据，而非只更新一行。

在插入和删除数据时也会存在异常现象。举一个插入数据异常的例子，假设我们刚请了一位新老师教音乐，并希望把该信息存储在数据库的某处。然而，因为该老师没有进行任何考试，所以无法在表格中新增一行进行记录，因为该表是成绩表，没有专门针对老师的实体表。同样，在删除记录时会因为删除后消除了一些相关信息，导致数据库异常。例如，如果我们有一个图书数据库，想要删除 George Orwell 所著的一本书，而且这是数据库中 George Orwell 所著的唯一一本书，那么，该操作除了会删除这本书，还会掩盖 George Orwell 可能是未来我们所采购的其他书的作者这一信息。

19.2 如何规范化数据

具体而言，规范化究竟是什么？

这个术语源于 E.F. Codd，是指从数据库设计中移除冗余数据和更新异常所采取的一系列推荐步骤。规范化的过程通常被称为"第一范式""第二范式""第三范式"（以此类推）。尽管已有人把某些步骤描述为第六范式，但一般只会使用第一范式、第二范式和第三范式。当数据处于第三范式时，通常被视为已经充分规范化了。

这里不会详细描述将数据转换为范式的整套规则和流程，但会在其他地方进行详细说明，并展示数据是如何逐次转化为第一范式、第二范式，直到第三范式的。

本书只概述性介绍将数据转化为第三范式的规则。在实践中，有经验的数据库管理员可以直接完成将非结构化数据转换为第三范式的过程，而不必按步骤依次执行，接下来我们也会做同样的事情。

数据规范化的三个主要规则如下。

- **消除重复数据**。该规则意味着不允许存在多值属性。对于上面的例子来说，就是不允许数据单元格中出现类似"Multiple Choice, Essay"的值。在一个单元格中出现多个值会为检索某个值带来困难。

  该规则的推论是不允许存在重复列。比如对于上述问题，一种可能的解法是去掉名为 Format 的列，并增加独立的 Format1 列和 Format2 列。通过这种替换，就可以把 Multiple Choice 放在 Format1 列，而把 Essay 放在 Format2 列。然而，这也不太符合规范化规则。无论是以单列中的复合值来表示，还是用多列来表示，都是"重复数据"；

- **消除部分依赖**。该规则主要针对表的主键为复合键，即由多个列组成主键的情况。该规则规定，表中的任何列都不能只与主键中的一部分相关。举例来说，上面的例子中成绩表的主键是由 Student 和 Test 组成的复合键。问题发生在 Points 列上，Points 列只是考试的属性，与学生无关。该规则要求表中所有的非主键列都与整个主键相关，而非只跟主键的一部分相关。从本质上说，部分依赖性表明，表中的数据与多个实体相关；

- **消除传递依赖**。该规则所指的情况是表中的某列不与主键相关，而是与非主键的某列相关。还是采用上面的例子，Assistant 列实际上是 Teacher 列的一个属性，助教是谁取决于老师，而与主键（Test 或 Student）的内容无关，这表明 Assistant 列不应该属于该表。

现在我们已经明确了问题，并讨论了对其进行修改的规则，那么应该如何修改数据库设计呢？这就要具体情况具体分析了。

下面给出该设计问题的一种解决方案。新设计将一张表拆分为多张表，所有新表中的数据都符合规范化的要求。图 19.1 使用实体关系图展示了新设计的表。

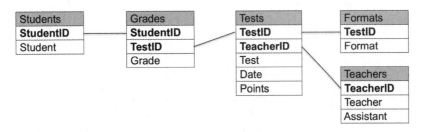

图 19.1　规范化设计

如第 11 章所述，实体关系图不展示详细数据，而是展示数据的整体结构。每张表中的主键都以粗体展示。表中添加了具有自增值的 ID 列，并定义了表之间的关系。剩余列与修改前相同。

需要注意的是，在这个例子中，每个实体都被拆分到单独的表中了。Students 表包含了每个学生的信息，其中唯一的属性是学生姓名。

Grades 表包含每次成绩的信息。它有一个由 StudentID 和 TestID 组成的复合主键，因为学生的每科成绩都与特定的考试相关联。

Tests 表包含每次考试的信息，比如日期、老师、考试描述和考试总分。

Formats 表包含关于考试题型的信息，说明了考试是选择题还是作文，如果两者都有，则一次考试会对应多行数据。

Teachers 表包含每个老师以及助教（如果有的话）的信息。

下面是这些新表中的数据，其内容与原有的成绩表中的内容相同。

Students 表如表 19.2 所示。

表 19.2

StudentID	Student
1	Julie
2	Jamal
3	Nina
4	Nicole
5	Nathan

Teachers 表如表 19.3 所示。

表 19.3

TeacherID	Teacher	Assistant
1	Wilson	Collins
2	Cordova	Bender
3	Kaplan	NULL
4	Diaz	Taylor

Tests 表如表 19.4 所示。

表 19.4

TestID	TeacherID	Test	Date	Points
1	1	Pronoun Quiz	2022-03-02	10
2	2	Pronoun Quiz	2022-03-02	10
3	3	Solids Quiz	2022-03-03	20
4	4	China Test	2022-03-04	50
5	1	Grammar Test	2022-03-05	100

Formats 表如表 19.5 所示。

表 19.5

TestID	Format
1	Multiple Choice
2	Multiple Choice
3	Multiple Choice
4	Essay
5	Multiple Choice
5	Essay

Grades 表如表 19.6 所示。

表 19.6

StudentID	TestID	Grade
1	1	8
2	2	6
3	3	17
4	4	45
5	4	38
5	5	88

你可能会下意识觉得我们把情况过分复杂化而非改善了。例如，现在 Grades 表中是一堆数字，如果不认真看很难完全明白它们的含义。

然而要记住，SQL 能够轻而易举地将表连接在一起。新的设计拥有更大的灵活性，我们既可以自由地连接需要进行分析的表，也可以更容易地向这些表中添加新的列，且不会造成其他影响。

现在，信息变得更加模块化了。现在如果想要增加学生的额外信息，比如地址和电话号码，可以简单地在 Students 表中添加新的列。若后续想修改这些信息，也只会影响表中的一行。

19.3 数据库设计的艺术

说到底，设计数据库可不仅仅是简单地走一遍规范化过程。数据库设计与其说是一门科学，不如说是一门艺术，它需要基于对相关业务的了解和思考来进行。

在 Grades 表的设计案例中，我们通过展示一种可能的数据库设计说明了如何规范化数据。事实上，这个数据库设计还有很多可能性，这在很大程度上取决于在实际业务中数据要被如何访问和修改。想要验证设计是否足够灵活和有意义，方法就是多问问题。举例如下。

- **数据库是否还要添加其他表？** 一个明显的可能是要添加 Subjects 表，这将允许基于科目选择考试，如英语或数学。如果增加一张 Subjects 表，还可以再思考 Subjects 表是与考试相关联，还是与科任老师相关联；
- **一次成绩有可能计入不止一门学科中吗？** 假设英语老师和思政老师做了一个联合课程，希望将某些考试的成绩计入两门学科中。我们应该如何处理呢？
- **如果学生挂科后想重新参加同一门考试，应该如何处理？** 我们得区分多次考试的成绩；
- **如何允许老师实施特殊规则？** 比如老师有可能在某些特定时间段想要去掉最低的考试分数；
- **对数据是否有特殊的分析要求？** 如果同一门学科有多位老师，是否需要比较每位老师所教学生的平均成绩，以确保老师没有夸大成绩。

诸如此类的问题是问不完的。这是因为数据并不是独立存在的，数据结构的设计需要满足实际需求。数据库的设计必须考虑到灵活性和易用性。然而，数据库也存在过度设计以至无法理解的危险，比如，一个过分热心的数据管理员创建了 20 张表来涵盖全部可能的情况，这也是不可取的。数据库设计是一种权衡，既要足够灵活，又要足够直观，易于使用该系统的用户理解。

19.4 规范化的替代方法

我们强调在设计数据库时应该遵循规范化这一重要原则，然而，在某些情况下也不尽然。

　　例如，在数据仓库系统和报表软件领域，许多从业者主张数据库采用星型模式（star schema）而非规范化设计。在星型模式中，允许存在一定量的数据冗余，其强调的是创建一个能更直观地反映业务关系并能通过特殊的分析软件快速处理的数据结构。

　　星型模式设计原则的核心在于，在中心创建一张事实表（fact table），并关联任意数量的维表（dimension table）。事实表包含所有具有可加性的度量值。在上面的例子中，成绩就是这样一个数字，因为成绩相加后会得到一个有意义的总成绩。维表包含与中心事实表相关的所有实体的信息，如学科、时间、老师、学生等。

　　此外，数据库开发人员还可以使用专门的分析软件基于星型模式数据库创建多维数据集，这些多维数据集扩展了分析功能，允许用户通过预定义的层次结构在各个维度进行下钻分析。比如该系统的用户可以从查看学生整个学期的成绩下钻到查看单个星期的成绩。

　　图 19.2 展示了在 Grades 表中使用星型模式设计数据库的一种方案。

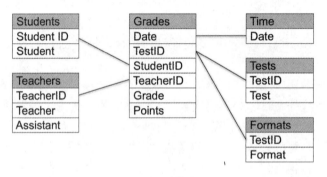

图 19.2　星型模式设计

　　在图 19.2 所示的这种设计中，Grades 表是中心事实表，其他表都是维表。

　　Grades 表的前四列（Date、TestID、StudentID 和 TeacherID）允许中心事实表中的每行与维表中的对应行进行关联。例如，Grades 表中的 StudentID 列可以连接到 Students 表中的 StudentID。Grades 表中的剩余两列（Grade、Points）是具有可加性的数值。注意，Points 现在在 Grades 表中，而在规范化设计中，它应该是 Tests 表的一个属性。通过将总分和成绩放在一张事实表中，我们可以更容易对一组数据求和和计算得分率（成绩除以总分）。

　　当然，这仅是对面向数据仓库软件设计数据库这一主题的简要介绍，它说明了设计数据库的方法有很多，结合使用数据的软件类型进行分析才能得到最好的方法。

19.5　小结

　　本章首先介绍了数据库设计的原则，讨论了规范化过程的基础知识，展示了如何将只有一张表的数据库转换为更灵活的、通过额外的主键列关联且具有多张表结构的数据库。然后强调了数据库设计不仅要考虑技术层面，还要考虑组织的实际情况，并且要考虑应如何访问和使用数据。最后简要描述了星型模式是传统规范化设计的替代方案，主要是想强调在设计数据库时往往有多种可行的方案。

第 20 章将讨论使用 Microsoft Excel 来补充我们的 SQL 知识的可能性。在磨砺 SQL 技能的路上，一定不要忘记除了 SQL 还有其他选择。如果能够通过其他方式更有效地完成目标，就没必要在 SQL 上耗费精力。

第 20 章
使用 Excel 的策略

最后一章将回归本书的主题：学习从关系型数据库中检索数据的方法。在前面的章节中，我们从数据检索绕到了修改数据、维护表和设计数据库等相关主题。现在想要重新把注意力集中到检索和显示数据的任务上。具体来说，我们将比较 SQL 和其他可用报表工具的功能，并讨论为手头的工作选择合适的工具的策略。

在广阔的商业和企业界，Microsoft Excel 是用户广泛使用且普及率较高的报表工具。很难找到不使用 Excel 或者不以某种方式与 Excel 交互的商业分析师。本章将介绍如何使用 Excel 来扩展 SQL 的数据检索能力，以进一步探索和处理数据，并以 SQL 不易实现的格式展示数据。

20.1 再谈交叉表布局

第 10 章研究了如何使用 PIVOT 运算符创建交叉表格式的输出。第 10 章中使用的 Sales Summary 表的数据如表 20.1 所示。

表 20.1

SalesDate	CustomerID	State	Channel	SalesAmount
12/1/2021	101	NY	Internet	50
12/1/2021	102	NY	Retail	30
12/1/2021	103	VT	Internet	120
12/2/2021	145	VT	Retail	90
12/2/2021	180	NY	Retail	300
12/2/2021	181	VT	Internet	130
12/2/2021	182	NY	Internet	520
12/2/2021	184	NY	Retail	80

使用 PIVOT 运算符得到的交叉表格式的输出如表 20.2 所示。

表 20.2

SalesDate	State	Internet	Retail
2021-12-01	NY	50	30
2021-12-01	VT	120	NULL
2021-12-02	NY	520	380
2021-12-02	VT	130	90

这个交叉表布局的关键特征是在单独的列中显示了渠道值。尽管数据是按照 SalesDate、State 和 Channel 分组的，但在个别的行中只能看到 SalesDate 和 State 的组合。我们把两个渠道值（Internet 和 Retail）分别移到它们自己的列中。

这一切都很好，只是使用 SQL 生成这种交叉表格式的输出存在固有的困难。正如在第 10 章中看到的，生成上述输出的 SQL 语句如下。

```
SELECT * FROM
(SELECT SalesDate, State, Channel, SalesAmount FROM SalesSummary) AS mainquery
PIVOT (SUM(SalesAmount) FOR Channel IN ([Internet], [Retail])) AS pivotquery
ORDER BY SalesDate
```

请注意，在这条 SQL 语句中，我们需要在语句中指定 Channel 列的值，即 Internet 和 Retail。换言之，我们需要知道所有可能的 Channel 列的值，并把它们放在语句中，才能创建对应的列。实际上，这种解决方案非常麻烦。在这个简单的例子中，只有两个 Channel 值，所以实现起来并不难。但在实际工作中，很可能会遇到这种情况：有几十个潜在的列值，而我们事先完全不知道这些值是什么。

因此，实践中很少使用 PIVOT 运算符。一种更简单、也更强大的解决方案是依靠报表工具自动生成交叉表格式的报表。大多数报表工具都会提供某种形式的交叉表功能，在 Microsoft Excel 中是通过透视表实现的，其他报表工具也提供了类似的功能。例如，Microsoft Reporting Services 提供了 Matrix Report，其允许用户以交叉表的形式布局数据。

有趣的是，报表工具（如 Reporting Services）中的报表布局独立于用于检索数据的底层 SQL 查询语句。例如，在 Reporting Services 中，可以使用一个没有 GROUP BY 子句的简单 SQL 查询，并且可以将该查询放在 Table Report 或 Matrix Report 中。如果放在 Table Report 中，则输出会是一个简单的数据列表。如果放在 Matrix Report 中，则数据会被组织到行和列中，报表会自动执行所有需要的分组，并生成任何需要的列。

20.2 外部数据和 Power Query

现在我们将重点转向 Microsoft Excel 中的数据透视表和透视图，因为 Excel 软件的使用非常广泛、对用户友好，且产生的结果与 Reporting Services 等其他专门的报表工具相似。

不过，在深入探讨这些话题前，我们需要先了解如何在 Excel 中连接数据源。在商业界中，Excel 极具影响力，大多数查询和报表工具提供了将数据直接导出到 Excel 中的功能。当使用 SQL 查询工具时，一般只需要使用 Export to Excel 选项就可以将数据导入 Excel。

当使用 Excel 从外部来源导入数据时，也有很多选项。下面将重点关注从关系型数据库中获取数据的方法，但 Excel 也可以从文本文件中导入数据或直接连接到 OLAP（在线分析处理）数据库中。文本文件通常作为 Excel 的工作表导入，导入时会显示向导，让用户指定文本文件的布局、使用何种类型的分隔符及每一列的属性等。Excel 也可以直接连接到 OLAP 数据库中，OLAP 数据库有时也被称为数据立方（CUBE）。OLAP 数据库有复杂的多维结构，可以利用第 19 章中提到的星型模式进行设计。当连接到 OLAP 数据库时，Excel 使用透视表接口查看其中的数据。

从关系型数据库中获取数据，一种可能是连接到数据库服务器，然后将数据导入 Excel 中，这通常是通过 Data 标签栏下的 Get Data 命令启动的。该命令有以下选项。

- From SQL Server Database；
- From Microsoft Access Database；
- From ODBC。

对于以上连接外部数据的选项，我们将重点讨论第一个选项。不过在此之前，先来看一下第三个选项。From ODBC 选项用于连接非微软的数据库，比如 MySQL 或 Oracle。ODBC（开放数据库连接）是一个标准接口，可用于连接多种类型的数据库。

当选择 From SQL Server Database 选项时，Excel 首先会询问你希望连接的服务器和登录凭证。在提供这些信息后，将弹出一个导航窗口，询问你想导入该服务器上的哪个具体表格。本例中，我们选择第 13 章中出现过的 Customers 表和 Orders 表。接着会出现一个 Queries & Connections 窗口，将 Customers 表和 Orders 表作为查询内容列出。Queries & Connections 窗口如图 20.1 所示。

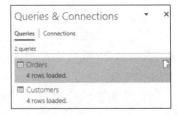

图 20.1　Queries & Connections 窗口

双击 Customers，这时会打开一个 Customers-Power Query Editor 窗口，该窗口如图 20.2 所示。

图 20.2　"Customers-Power Query Editor" 窗口

现在我们看到了 Customers 表中的数据。我们的目标是通过 CustomerID 连接

Customers 表和 Orders 表，将其合并为一个查询。为此，我们将在 Power Query Editor 中的 Combine 下选择 Merge Queries as New 命令，并按照提示选择两张表中的数据。Merge 窗口如图 20.3 所示。

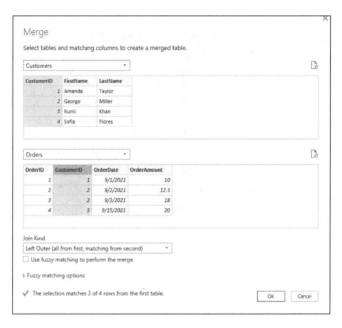

图 20.3   Merge 窗口

注意，我们将 Customers 表中的 CustomerID 列和 Orders 表中的 CustomerID 列设置为了高亮，用于表明两张表的连接方式。由于这里选择了 Left Outer Join 选项，因此该选项将选择客户表中的所有行和订单表中所有与之匹配的行。点击"OK"按钮后，合并后的数据就会出现在 Power Query Editor 中，如图 20.4 所示。

图 20.4   合并数据后的 Power Query Editor

然后需要向右滚动以展开 Orders 表，确保所有的列都被选中。最后在 Power Query Editor 中选择 Close and Load 命令，从而将数据加载到 Excel 工作表中。合并数据后的 Excel 表如图 20.5 所示。

	A	B	C	D	E	F	G
1	CustomerID	FirstName	LastName	Orders.OrderID	Orders.CustomerID	Orders.OrderDate	Orders.OrderAmount
2	1	Amanda	Taylor	1	1	9/1/2021	10
3	2	George	Miller	2	2	9/2/2021	12.5
4	2	George	Miller	3	2	9/3/2021	18
5	3	Rumi	Khan	4	3	9/15/2021	20
6	4	Sofia	Flores				

图 20.5　合并数据后的 Excel 表

现在已经完成了将 SQL Server 中两张表的所有数据导入 Excel 表的任务。两张表的连接是通过 Microsoft Power Query Editor 的合并功能实现的。现在，所有数据都在 Excel 的一张工作表中了，可以继续进行下一步的逻辑操作了，即基于该表创建一张透视表。

20.3　Excel 透视表

Excel 包含许多与 SQL 重合的功能，例如，Excel 可以对数据进行分类和过滤，并通过函数转换数据，数据也可以进行分组和分类汇总。但 Excel 有一个 SQL 难以实现的功能，那就是生成透视表。Excel 提供了在工作表上将任何选中的数据转换为透视表的功能。

基本上，透视表相当于之前看到的交叉表格式。但是，透视表有一个关键性的好处，即它是完全互动的和动态的。与查看静态的交叉表报表不同，你可以通过将数据元素重新排列到它的四个数据区域（行、列、值和过滤器）来轻松地修改透视表。

为了更好地理解透视表的功能，让我们用一个例子来说明。下面从一组已经存在于 Excel 工作表中的数据开始。假设数据是通过以下两种方式转移到工作表中的：其一是利用 SQL 语句连接描述客户、产品和销售的表，再把这些数据导入 Excel 中。其二是利用上面提到的 Power Query Editor 将数据合并并导入 Excel 中。透视表的底层数据如图 20.6 所示。

在这个数据集中，数量和销售额为负数的行代表退货。每一笔订单或退货均占一行。第一步是将这些数据插入一张透视表中。这可以通过选择这个数据表中的所有单元格，然后在功能区的 Insert 选项卡下选择 PivotTable 命令来完成。如果接受 Create PivotTable 窗格的默认值，则 Excel 会创建一张空的透视表，该透视表如图 20.7 所示。

	Sales Date	Sales Month	Customer ID	Customer City	Customer State	Product	Product Category	Qty Sold	Total Sales
2	1/22/2022	2022-01	23	Tucson	AZ	Breakfast Blend	Coffee	3	12
3	2/1/2022	2022-02	44	Seattle	WA	Vanilla	Spices	6	18
4	3/1/2022	2022-03	14	Santa Rosa	CA	Darjeeling	Tea	-3	-12
5	12/6/2021	2021-12	15	Atlanta	GA	Mustard	Spices	6	12
6	2/15/2022	2022-02	44	Seattle	WA	Cinnamon	Spices	8	24
7	3/6/2022	2022-03	23	Tucson	AZ	Decaf	Coffee	9	36
8	2/18/2022	2022-02	18	Denver	CO	Earl Grey	Tea	4	20
9	3/31/2022	2022-03	19	Boulder	CO	Green Tea	Tea	-1	-6
10	2/6/2022	2022-02	20	Miami	FL	French Roast	Coffee	5	25
11	2/28/2022	2022-02	16	Chicago	IL	Hazelnut	Coffee	5	15
12	12/18/2021	2021-12	50	Hoboken	NJ	Curry	Spices	2	8
13	3/2/2022	2022-03	3	Portland	ME	Ginger	Spices	1	2
14	2/15/2022	2022-02	2	Phoenix	AZ	Oolong	Tea	8	24
15	1/1/2022	2022-01	11	Portsmouth	NH	Vanilla	Spices	4	12
16	12/27/2021	2021-12	44	Seattle	WA	Mustard	Spices	-2	-4
17	3/30/2022	2022-03	16	Chicago	IL	Vanilla	Coffee	4	16
18	1/17/2022	2022-01	49	Los Angeles	CA	Decaf	Coffee	6	24
19	2/17/2022	2022-02	22	Cleveland	OH	Green Tea	Tea	7	42
20	3/25/2022	2022-03	11	Portsmouth	NJ	Oregano	Spices	10	50
21	2/18/2022	2022-02	45	Des Moines	IA	Curry	Spices	3	3

图 20.6　透视表的底层数据

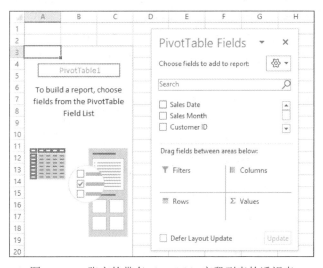

图 20.7　一张空的带有 PivotTable 字段列表的透视表

　　这时，我们会看到一张空的透视表，PivotTable 字段列表显示了可以被移入透视表的字段。将数据移动到数据透视表的最简单方法是把字段从该列表拖入数据透视表的四个区域（Filters、Rows、Columns 或 Values）之一。先把 Customer State 移动到 Filters 区域，把 Sales Month 移动到 Rows 区域，再把 Product Category 移动到 Columns 区域，把 Total Sales 移动到 Values 区域，结果如图 20.8 所示。

图 20.8　含有四个区域字段的透视表

　　现在来研究下数据发生了什么。透视表将其连接的所有详细数据相加，并按照需要显示必须的行和列。数据以交叉表的形式展示，字段在行区域或列区域，具体值在值区域汇总，过滤区域用于过滤所有的数据。在这个例子中，我们把 Customer State 放在了过滤区域，但还没有对其进行任何过滤。

　　当字段被移动到四个区域中的任何一个时，透视表就会立即更新为与新布局相对应的值。这种高度互动的设计让你可以随意操作数据。

　　与 SQL 语句不同，不需要在透视表中指定分组。Excel 假定你想对放置在行区域或列区域的所有字段进行分组。本例中，透视表已经通过 Sales Month 和 Product Category 将所有数据分组。从图 20.8 可以看到，2022 年 2 月的茶叶销售总额为 86 美元。Grand Total 行和列被自动添加，但也可以很容易地删除它们。

　　如果想以略微不同的方式对数据进行分组或修改展示形式，也很容易实现。将 Sales Month 移动到列区域、将 Product Category 移动到行区域、将分类下的 Product 也添加到行区域，并调整 Customer State 的过滤条件为只选择 Arizona（AZ）、California（CA）和 Maine（ME）的数据，得到的透视表如图 20.9 所示。

图 20.9　使用过滤器重新排列的透视表

　　注意，现在我们在行区域看到了一个字段的层级结构。在产品分类下，可以看到属于该分类的各种产品。Sales Month 的数值被分解成独立的列。由于我们对州应用了过滤方法，所以看到的总销售额只有 86 美元，而非之前的 321 美元。

　　除了允许对数据求和，透视表还允许对数据进行其他运算，诸如计数和平均值。然而要知道，只有可以求和的数值才能被放到透视表的值区域中。在这种情况下，透视表是第 19 章中讨论的星型模式设计的近亲。虽然维度数据可以放在行区域、列区域或过滤区域，但可求和的数值属于值区域。透视表的值区域类似于星型模式设计中的事实表数据。

除了允许在透视表的各个区域间移动字段，Excel 还提供了一些有趣的报表布局选项。数据透视表有以下三种基本的布局选项。

- Compact Form；
- Outline Form；
- Tabular Form。

在选择了一张透视表后，这些选项就会出现在功能区的 Design 标签下。图 20.8 和图 20.9 的透视表布局是 Compact Form。将图 20.9 的布局切换为 Tabular Form 时，透视表变为图 20.10 所示的扁平式的透视表。

	A	B	C	D	E	F
1	Customer State	(Multiple Items)				
2						
3	Sum of Total Sales		Sales Month			
4	Product Category	Product	2022-01	2022-02	2022-03	Grand Total
5	Coffee	Breakfast Blend	12			12
6		Decaf	24		36	60
7	Coffee Total		36		36	72
8	Spices	Ginger			2	2
9	Spices Total				2	2
10	Tea	Darjeeling			-12	-12
11		Oolong		24		24
12	Tea Total			24	-12	12
13	Grand Total		36	24	26	86

图 20.10　扁平式的透视表

在这种布局形式中，我们可看到 Product Category 和 Product 分别位于不同的列中，表头是每个字段的标签。这种格式清楚地列出了所有字段的名称。此外，每个 Product Category 的分类汇总出现在了每个分类的下一行。

可以关闭分类汇总和全部汇总，这样，数据的显示更加紧凑。关闭分类汇总和全部汇总后的透视表如图 20.11 所示。

	A	B	C	D	E
1	Customer State	(Multiple Items)			
2					
3	Sum of Total Sales		Sales Month		
4	Product Category	Product	2022-01	2022-02	2022-03
5	Coffee	Breakfast Blend	12		
6		Decaf	24		36
7	Spices	Ginger			2
8	Tea	Darjeeling			-12
9		Oolong		24	

图 20.11　关闭分类汇总和全部汇总后的透视表

到目前为止，我们已经在层次结构中展示了 Product Category 列和 Product 列，它们都显示在行区域。如果我们简单地把 Product Category 列和 Product 列在行区域的顺序颠倒过来，即让 Product 列在前面，Product Category 列在后面，数据的显示效果就会有所不同，颠倒层次结构的透视表如图 20.12 所示。为了突出效果，这里还删除了对不同州的状态过滤。此外，我们还选择了 Repeat All Items 命令，该命令在 Design 选项卡的 Report Layout 图标下。

图 20.12   颠倒层次结构的透视表

在这个数据展示中，Product Category 列仅作为 Product 列的第一个属性出现，用于展示每个产品的类别。注意，由于启用了 Repeat All Items 命令，因此在最后两行中，Vanilla 分别作为 Coffee 和 Spices 类型出现了两次。

透视表还有许多其他功能，最后要介绍的一个有用的功能是可以从透视表的汇总值向下钻取原始数据。在这个示例中，我们将回到图 20.8，双击数值为 48 的单元格，它是 2022 年 1 月份销售额的 Grand Total 值。这样操作后会出现一张新的工作表。新的工作表如图 20.13 所示。

图 20.13   新的工作表

图 20.13 展示了透视表中通过计算得到 48 的详细情况。这三行记录对应我们之前在图 20.6 看到的 1 月份的三行数据。如果我们将 Total Sales 列中的数据相加，就可以验证 2022 年 1 月份的销售额确实是 48。

20.4   Excel 透视图

对于 SQL 分析师来说，透视表是一个比较熟悉的领域，因为我们仍然在处理包含普通字符、日期和数值的数组。Excel 透视表的独特之处在于它允许以动态和互动的方式查看数据，但在所有事情都完成后，仍然可采用行和列的格式查看数据。现在我们把注意力转向同样值得注意的 Excel 透视图上，该工具允许我们以更直观的方式查看数据，使我们能够随时发掘其中的趋势或模式。

　　事实上，Excel 透视图与透视表密切相关。创建完透视表后，可以迅速将其转变成透视图。另外，也可以基于 Excel 工作表中的数据表格创建透视图，而不必预先创建透视表。这时，透视表会随透视图一起创建。透视表与工作表中的行和列相关联，透视图则是在工作表上方浮动的视图窗格，可以随意移动。

　　为了说明创建过程，我们使用一组新的数据创建一个透视图，底层数据如图 20.14 所示。

　　图 20.14 展示的是按月份、州和渠道进行汇总的销售数据。其中一共有 18 个数据组合，涉及 3 个月（2022年 4 月至 6 月）、2 个州（New York 和 Vermont）以及 3个渠道（Internet、Phone、Retail）的数据。例如，第一行表明 4 月份通过互联网向纽约的客户共销售了 4800 美

Sales Month	State	Channel	Sales Amount
2022-04	NY	Internet	4800
2022-04	NY	Phone	3200
2022-04	NY	Retail	2000
2022-04	VT	Internet	1200
2022-04	VT	Phone	800
2022-04	VT	Retail	900
2022-05	NY	Internet	5200
2022-05	NY	Phone	3500
2022-05	NY	Retail	3000
2022-05	VT	Internet	1300
2022-05	VT	Phone	700
2022-05	VT	Retail	1400
2022-06	NY	Internet	7200
2022-06	NY	Phone	4000
2022-06	NY	Retail	2500
2022-06	VT	Internet	1300
2022-06	VT	Phone	900
2022-06	VT	Retail	800

图 20.14　透视图的底层数据

元的商品。由于数据汇总过，因此很容易基于底层数据创建透视图，尽管底层数据可能包括成千上万行。我们只需要对数据进行汇总，就能够轻松查看这些值。

　　与透视表一样，第一步是选择数据表中的任意单元格，然后选择位于功能区 Insert标签页下的 PivotChart 命令。在接受 Create PivotChart 窗口提供的默认值后，会出现一张空的透视图，如图 20.15 所示。

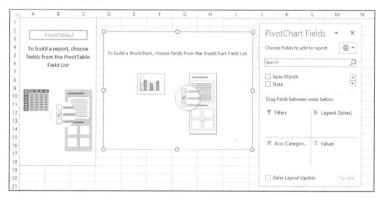

图 20.15　一张空的带有 PivotChart 字段列表的透视图

　　从图 20.15 中可以看到一张空的透视表、一张空的透视图以及 PivotChart 字段列表，该列表中的字段可以移动到透视图中。PivotChart 字段列表与之前看到的 PivotTable 字段列表几乎完全一样，区别仅在于透视表中的四个区域是 Filters、Columns、Rows 和 Values，而透视图中是 Filters、Legend（Series）、Axis（Categories）和 Values。Legend 区域跟透视表中的 Columns 区域相对应，Axis 区域与 Rows 区域相对应。和以前一样，我们可以很容易地将字段从列表中拖到透视图的四个区域之一。

让我们先将 Sales Month 移动到 Categories 区域，将 Sales Amount 移动到 Values 区域，结果如图 20.16 所示。

从图 20.16 可以看到，Excel 创建了一个柱状图。更确切地说，Excel 创建了一个簇状柱形图。这是默认的图表类型。纵轴自动填充了标签，用来表示每一列的值。由于在 Categories 区域只有一个字段，因此我们看到的每个类别只有一列。值得注意的是，与透视表不同，透视图在 Values 区域需要有字段，如果没有字段，那么透视表将是完全空白的。另外，在我们修改透视图的同时，也更新了对应的透视表，结果如图 20.17 所示。

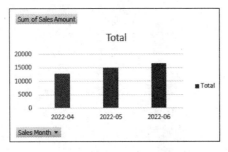

图 20.16 在 Categories 区域有一个字段的透视图   图 20.17 更新了对应的透视表

现在让我们把 Channel 字段添加到 Categories 区域，看看透视图如何变化，具体如图 20.18 所示。

在 Categories 区域和 Series 区域都有字段后，透视图成为一个更典型的图。现在每个月的销售额按照渠道划分，Series 区域中渠道的标签被列在数据的右边。在对应的透视表中，Sales Month 在行区域，而 Channels 在列区域。从某种意义上来说，透视表的行比列更重要。在透视图中，Categories 区比 Series 区更重要。根据这个透视图可以分析得到每个渠道对每个月销售额的贡献到底是多少。如果想了解每个渠道的销售额是如何随时间的增加而增长的，那么只需要选择 Design 标签下的 Switch Row/Column 命令即可，结果如图 20.19 所示。

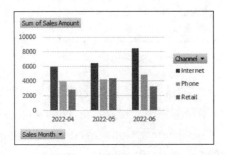
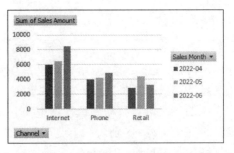

图 20.18 Categories 区域和 Series 区域都有   图 20.19 选择 Design 标签下的 Switch Row/
字段的透视图   Column 命令后的透视图

现在我们在 Categories 区域看到了 Channel，在 Series 区域看到了 Sales Month。这使得我们能够更容易地分辨出每个渠道内的销售额是如何随着时间的增加而增长的。

我们已经简单地了解了透视图的每个区域可以做什么，现在让我们把注意力转向一些可用的图类型。想看到所有的类型，只需要选择 Change Chart Type 命令即可，该命令位于功能区的 Design 标签页。执行该命令后，会弹出一个选择窗口，里面有超过 40 种可以创建的图类别。其中一些主要类别如下。

- 柱状图；
- 条形图；
- 折线图；
- 饼图；
- 面积图。

每个类别另有小的变体，例如，在柱状图类别下，你会发现如下类别。

- 簇状柱形图；
- 堆叠柱状图；
- 100%堆叠柱状图；
- 3-D 簇状柱形图；
- 3-D 堆叠柱状图；
- 3-D 100%堆叠柱状图；
- 3-D 柱状图。

每一种可用图类别的细微差别及其适用场景的深入研究已远远超出了本书的范围，因此这个主题留给详细介绍可视化理论和技术的图书。然而，为了让你了解图表可以完成哪些任务，下面将再提供两个图类型的例子。

在柱状图领域中，我们已经看到过簇状柱形图。另外两个非常有用的变体是堆叠柱状图和 100% 堆叠柱状图。图 20.20 显示的是等价于图 20.18 的堆叠柱状图。

与图 20.18 相比，在图 20.20 中，已将每个月三个渠道独立的柱子合并为了一根，也就是说将三个渠道堆叠在了一起。另外还要注意，纵向的比例发生了变化，这是为了适应将三个渠道合并在一起后所产生的较大值。与簇状柱形图相比，堆叠柱状图强调的是每个月的总销量。从图 20.20 中可以清楚地看到，4 月到 6 月的销量上升了，而这一事实在图 20.18 中并不明显。但簇状柱形图更好地强调了每个渠道对每个月销量的单独贡献。

柱状图的第三个主要变体即 100% 堆叠柱状图（如图 20.21 所示）。

在这个版本的叠加图中，单位为百分比。每个月的总值有相同的高度，都是 100%。这种图类别的优点是，可表明每个渠道对当月销售额的相对贡献。例如，在图 20.20 中不容易看到互联网销售在每个月的相对贡献比例，而图 20.21 清楚地表明互联网销售的相对重要性从 5 月到 6 月有所增加。回到图 20.18 簇状柱形图的原始表现，我们会发现它提供了更简洁的信息。通过将系列中的每个元素分离出来，再放在它自己的列中，就可以很容易地比较每个元素单独的价值。

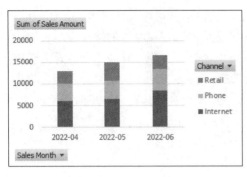

图 20.20　堆叠柱状图

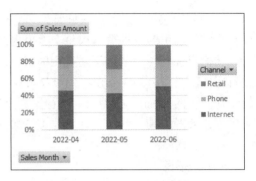

图 20.21　100%堆叠柱状图

20.5　Excel 标准图表

　　除了可以使用透视图直观地总结数据，Excel 还提供了其他的图表类型，这些图表类型只能通过传统的 Excel 图表来创建，我们有时将其称为标准图表。这些图表显示了在不丢失重要信息的情况下无法通过透视表或者透视图进行汇总的详细数据类型。在简要探索这个主题时，我们将重点讨论两种特别有用的标准图表类型：散点图和直方图。

　　散点图提供了一种直观地了解数据关系的方法。图 20.22 包含表示 10 个不同广告活动的数据。每一行表示某个活动花费的广告费和由此产生的销售额。图 20.23 显示了基于这组数据创建散点图的结果。

	A	B
1	**Advertising**	**Sales**
2	500	2200
3	650	2900
4	900	3000
5	400	2050
6	800	2900
7	100	700
8	150	1200
9	750	2100
10	50	300
11	300	1400

图 20.22　广告费和销售额

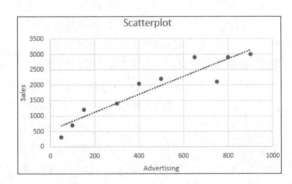

图 20.23　创建散点图的结果

　　正如我们所看到的，散点图提供了基于两根轴线（Advertising 和 Sales）的具体数据点的可视化表示。这两个变量之间的关系可以视为正相关，即销售额往往随着广告的增加而上升。为了使这种关系更加明显，我们在图表中添加了一条线性趋势线，以及轴和图的标题。这些元素都可以在功能区 Design 标签页中的 Add Chart Element 命令下找到。

　　第 9 章展示了如何通过分组数据和显示每个数据点出现的次数（从低到高排序）来创建一个初级频率分布。现在通过展示 Excel 如何创建一种名为直方图的图表类型来进一步了解这个概念。直方图是一种频率分布，数据被分组到大小相等的区间。例如，当查看 1 到 100 分的成绩时，我们可能想要分为 10 个区间，把成绩分为 1 分到 10 分、11 分到 20 分等区间。图 20.24 所示为有 6 个区间的直方图，它由一张包含 100 个数字的 Excel 表格创建，其中数字的值在 1 到 100 之间。

这个直方图显示了数字出现在 6 个区间的频率。区间是被自动设置的，可以通过右键单击底部横轴并选择 Format Axis 命令进行修改。每个区间约包含 17 个值。例如，第一个区间是从 1 到 17.5，第二个区间是从 17.5 到 34，以此类推。纵轴表示数据出现在每个区间的频率。例如，我们可以看到有 35 个数字落在了 67 到 83.5 的区间内。

现在直方图已经创建，可以对它进行调整，以提高其实用性。使用 Format Axis 命令将区间的数量从 6 改为 20，并修改图的标题，结果如图 20.25 所示。

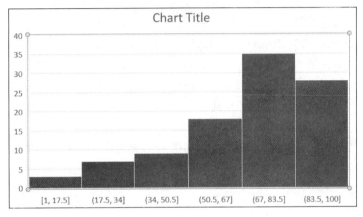

图 20.24　有 6 个区间的直方图

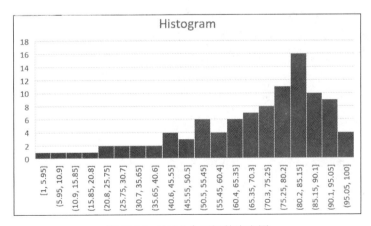

图 20.25　有 20 个区间的直方图

现在可以看到更多的细节，相比频率分布的形状有了更具体的感觉。很明显，频率最高的区间是 80.2 至 85.15，该区间包含了数据集 100 个数字中的 16 个。

20.6　小结

　　本章介绍了 Excel 中可以增强数据分析和数据总结的几种方法，这些方法很难通过 SQL 语句完全展示出来。Excel 中的透视表使用了交叉报表中的基本概念，并对其进行了扩展，以提供额外的灵活性和功能，从而实现完全互动的体验。透视图是透视表的近亲，它提供了许多直观地表示数据的方法。Excel 偶尔也会使用标准图表。对报表和分析工具（比如本章在 Excel 中发掘的那些工具）有了认识，SQL 开发人员就可以把才能集中在检索数据上，让报表工具和最终用户处理复杂的显示问题。

　　如果你还没有这样做，那么可能需要阅读附录 A、附录 B 和附录 C。其中有关于如何开始使用 Microsoft SQL Server、MySQL 或 Oracle 的技巧。这些附录除提供如何安装数据库免费版本的说明外，还提供了关于如何使用软件执行 SQL 命令的基本信息。

　　本书开头提到了 SQL 同时涉及逻辑和语言，语言部分是相当明显的。在每一章中，我们都强调了当前所介绍的关键字及其背后的含义。现在你已经阅读完整本书，希望你能明白 SQL 的真正力量在于它所包含的逻辑。

　　逻辑是纯粹的，允许你把一堆以行和列排列的值转换为更有意义的信息。使用 SQL 的挑战就在于确定如何将逻辑应用到现实世界的数据上。这就是理论和实践的结合点。你可以通过使用函数、聚合、连接、子查询、视图等来处理现实中的原始数据，并学会使用适当的逻辑迂回地操作它。

　　掌握了逻辑并不代表就能解决问题。SQL 的语言部分也起着同样重要的作用。从某种意义上说，SQL 的魅力就在于它的语言相当简洁，它既不冗长，也没有过于晦涩。每个关键字仅有一个明确的目的，即指定一个特定的逻辑。评价 SQL 充满诗意或许有些过誉，但在计算机语言领域中，SQL 确实很有美感。

附录 A
初识 Microsoft SQL Server

下面介绍在运行 Windows 10 的计算机上安装免费版的 Microsoft SQL Server 的步骤。请注意，具体过程可能和你的会有所不同，这取决于计算机上已经安装的软件。

1）安装 Microsoft SQL Server 2019 Express。

2）安装 Microsoft SQL Server Management Studio 18。

Microsoft SQL Server 2019 Express 用于创建数据库。Microsoft SQL Server Management Studio 18 是一个图形化界面，它允许执行 SQL 命令与服务器以及你所创建的任意数据库进行交互。

A.1 安装 Microsoft SQL Server 2019 Express

安装 SQL Server 2019 Express 的步骤如下所示。你可能需要登录微软账号，如果没有，则需要创建一个账号。

1）前往 microsoft.com/en-us/sql-server/sql-server-downloads。

2）在 EXPRESS 下选择 DOWNLOAD NOW。

3）完成下载后，打开文件。

4）当询问你是否允许应用对设备进行修改时，选择 YES。

5）选择 BASIC 安装类型。

6）点击 ACCEPT 按钮接受许可条款。

7）接受默认安装路径，点击 INSTALL 按钮。

8）安装完毕后，点击 CLOSE 按钮。

完成这些步骤之后，就安装好了包括 SQL Server 2019 Installation Center 在内的一系列新的软件。

A.2 安装 Microsoft SQL Server Management Studio 18

安装 Microsoft SQL Server Management Studio 18 的步骤如下。

1）打开已经随同 Microsoft SQL Server 2019 Express 安装的 Microsoft SQL SERVER 2019 INSTALLATION CENTER 应用。

2）点击左栏的 INSTALLATION 按钮，然后点击 INSTALL SQL SERVER MANAGE MENTTOOLS 按钮。

3）点击 DOWNLOAD SQL SERVER MANAGEMENT STUDIO（SSMS）按钮。

4）完成下载后，打开文件。

5）当询问你是否允许应用对设备进行修改时，选择 YES。

6）接受默认安装路径，点击 INSTALL 按钮。

7）安装完毕后，点击 CLOSE 按钮。

完成这些步骤之后，就安装好了包括 Microsoft SQL Server Management Studio 18 在内的一系列新的软件。

A.3　使用 Microsoft SQL Server Management Studio 18

当启动 Microsoft SQL Server Management Studio 18 应用时，你会看到一个 Connect to Server 窗口，该窗口允许与已经安装过的 Microsoft SQL Server 2019 Express 实例建立连接。

在 Server Name 框中将显示已经安装的 SQLEXPRESS 实例，在 Authentication 框中将显示 Windows Authentication。Server Type 是 Database Engine。

点击 CONNECT 按钮。连接之后需要创建一个数据库。要做到这点，可以找到窗口左边的 Object Explorer。在 DATABASES 行单击右键，然后选择 NEW DATABASE。在 NEW DATABASE 窗口下的 Database Name 框中输入一个名字（例如 FirstDatabase），点击 OK 按钮，就可以看到 Databases 下出现了新创建的数据库。

要执行所需的 SQL 代码，在数据库下拉菜单中高亮选中数据库，然后点击 NEW QUERY 按钮，这会打开一个新的查询窗口，你可以输入任意的 SQL 代码，然后点击 EXECUTE 按钮。如果在查询窗口输入多条 SQL 语句，那么可以高亮选中任意数目单独的语句，并且只执行高亮选中的部分。执行完查询之后，查询结果会显示在 Results 或 Message 面板中。如果有要显示的数据，则结果会出现在 Results 面板中；否则会在 Message 面板中显示一条状态信息。

A.4　在线指引

更多信息请查阅 Microsoft SQL Server 在线数据库参考手册：https://docs.microsoft.com/en-us/sql/t-sql/language-reference。

附录 B
初识 MySQL

下面介绍在运行 Windows 10 的计算机上安装免费版的 Microsoft SQL Server 的步骤。请注意，具体过程可能和你的会有所不同，这取决于计算机上已经安装的软件。

1）安装 MySQL Community Server。

2）安装 MySQL Workbench。

MySQL Community Server 用于创建数据库。MySQL Workbench 是一个图形化界面，它允许执行 SQL 命令来与服务器以及所创建的任意数据库进行交互。在编写本书时，MySQL Community Server 和 MySQL Workbench 的版本都是 8.0。

B.1 在 Windows 上安装 MySQL

下面将介绍在 Windows 机器上安装 MySQL Community Server 和 MySQL Workbench 的过程。

安装步骤如下所示。

1）前往 dev.mysql.com/downloads。

2）选择 MySQL Community Server。

3）选择适合计算机的版本，点击 DOWNLOAD 按钮。

4）在 Choose a Setup Type 面板选择 Developer Default 选项，再点击 NEXT 按钮。

5）如果需要，登录或创建一个 Oracle 账户。

6）完成下载后，打开文件。

7）当询问你是否允许应用对设备进行修改时，选择 YES。

8）在 Check Requirements 面板点击 NEXT 按钮。

9）在 Installation 面板点击 EXECUTE 按钮。所有软件的安装结束后，点击 NEXT 按钮。

10）在 Product Configuration 面板点击 NEXT 按钮。

11）在 Type and Networking 面板接受预设项并点击 NEXT 按钮。

12）在 Authentication Method 面板接受预设项并点击 NEXT 按钮。

13）在 Accounts and Roles 面板输入并记住密码，然后点击 NEXT 按钮。

14）在 Windows Service 面板接受预设项并点击 NEXT 按钮。

15）在 Apply Configuration 面板点击 EXECUTE 按钮，当配置完成时，点击 FINISH 按钮。

16）在 Product Configuration 面板点击 NEXT 按钮。

17）在 MySQL Router Configuration 面板点击 FINISH 按钮。

18）在 Product Configuration 面板点击 NEXT 按钮。

19）在 Connect to Server 面板输入之前的 root 用户密码，点击 CHECK 按钮，再点击 NEXT 按钮。

20）在 Apply Configuration 面板点击 EXECUTE 按钮。当配置完成时，点击 FINISH 按钮。

21）在 Product Configuration 面板点击 NEXT 按钮。

22）在 Installation Complete 面板点击 FINISH 按钮。

完成这些步骤后，MySQL Community Server 和 MySQL Workbench 就安装好了。

B.2　使用 MySQL Workbench

在初始化安装后第一次打开 MySQL Workbench 时，需要与已安装的 MySQL 服务器实例建立连接。选择 Database 菜单下的 Manage Connections，然后选择 TEST CONNECTION 选项。测试通过后选择该连接会打开一个用于输入 SQL 查询语句的窗口。

接下来需要创建一个数据库。要做到这点，需要先选择连接，并点击菜单栏下的提示"CREATE A NEW SCHEMA IN THE CONNECTED SERVER"的图标，输入所需的数据库名称（例如 FirstDatabase），点击 APPLY 按钮。这将会生成一个用于创建新模式的脚本。点击 APPLY 按钮运行该脚本。接下来在 Navigator 面板的模式列表中就可以看到新创建的数据库。现在返回 Database 菜单下的 Manage Connections，输入你刚创建的数据库作为默认模式。你可以高亮显示该数据库，并创建一个新的查询来对该数据库运行任何所需的 SQL 语句。

在 Query 面板输入一条 SQL 语句后，点击形似闪电的 EXECUTE 按钮。如果你在查询窗口输入了多条 SQL 语句，可以高亮选择其中一条单独的语句，并只执行高亮选中的部分。

执行完查询后，查询结果会显示在 Output 或 Result 面板中。如果有要显示的数据，它将显示在 Result 面板中。

B.3　在线指引

更多信息请查阅 MySQL 在线数据库参考手册：https://dev.mysql.com/doc/refman/8.0/en。

附录 C
初识 Oracle

下面介绍在运行 Windows 10 的计算机上安装免费版的 Oracle 的步骤。请注意，具体过程可能和你的会有所不同，这取决于计算机上已经安装的软件。

1）安装 Oracle Database Express Edition。

2）安装 Oracle SQL Developer。

Oracle Database Express Edition 会在计算机上创建一个数据库。Oracle SQL Developer 是一个能够对上述数据库执行 SQL 命令的应用程序。在编写本书时，Oracle Database Express Edition 的版本是 18c，而 Oracle SQL Developer 的版本是 20.4。

C.1 安装 Oracle Database Express Edition

下面将介绍安装 Oracle Database Express Edition 的过程。安装步骤如下所示。

1）前往 oracle.com/database/technologies/appdev/xe.html。

2）点击 DOWNLOAD ORACLE DATABASE XE。

3）点击 Express Edition for Windows。

4）接受许可协议，然后下载。

5）创建或登录已有的 Oracle 账户。

6）完成下载后，打开 ZIP 文件。

7）双击 SETUP.EXE 文件开始安装。

8）当询问你是否允许应用对设备进行修改时，选择 YES。

9）在安装向导的 Welcome 面板点击 NEXT 按钮。

10）在 License Agreement 面板接受条款，并点击 NEXT 按钮。

11）在 Choose Destination Location 面板接受默认定位，并点击 NEXT 按钮。

12）在 Specify Database Passwords 面板输入密码，并点击 NEXT 按钮。

13）在 Summary 面板点击 INSTALL 按钮。

14）安装完成后点击 FINISH 按钮。

完成这些步骤后，就可以在开始菜单的 Oracle Ora18DBHome 中看到已安装的 Oracle 软件了。

C.2 安装 Oracle SQL Developer

下面将介绍安装 Oracle SQL Developer 的过程。安装步骤如下所示。

1）前往 oracle.com/database/technologies/appdev/sqldeveloper-landing.html。
2）选择 SQL Developer。
3）选择合适的版本，接受协议条款，然后下载。
4）创建或登录已有的 Oracle 账户。
5）完成下载后，解压 ZIP 包的所有文件。
6）双击 SQLDEVELOPER.EXE 开始安装。
7）完成时，Oracle SQL Developer 应用会自动打开。
8）在 Connections 面板选择 XE 数据库，输入用户名 SYSTEM 和设定的密码。
9）完成上述操作后，再次运行 SQLDEVELOPER.EXE 文件就可以打开程序了。此外，也可以通过右击文件，将文件固定在开始菜单或任务栏中。

C.3 使用 Oracle SQL Developer

运行 SQLDEVELOPER.EXE 文件可以访问 Oracle 数据库。如上面所说的，你可能想把它固定在开始菜单或任务栏中。使用用户名 SYSTEM 和之前指定的密码连接到 XE 数据库。有经验的 Oracle 用户可以创建一个 TNS 文件，将连接信息存储到计算机上，以免每次使用该程序时都要重复输入。建立与数据库的连接后，你就可以在查询窗口中输入任何所需的 SQL 命令了。

C.4 在线指引

更多信息请查阅 Oracle 在线数据库参考手册：https://docs.oracle.com/en/database/oracle/oracle-database。